AF296914

ÉLÉMENS

DE

GÉOMÉTRIE,

Où la théorie de la ligne droite et des parallèles
est démontrée rigoureusement et à la portée
des commençans ; avec un nouveau moyen
d'approcher plus promptement du rapport de
la circonférence au diamètre ;

Par J. SCHWAB.

PREMIÈRE PARTIE.

GÉOMÉTRIE PLANE.

A NANCY,

DE L'IMPRIMERIE DE C.-J. HISSETTE,
rue de la Hache, n.º 227.

Et se vend

Chez l'Auteur, rue Descartes, n.º 107, et chez plusieurs Libraires.

1813.

PRÉFACE.

QUELQUE exactitude que les anciens Auteurs de Géométrie eussent tâché de mettre dans leurs démonstrations, ils rencontrèrent dès le premier abord, pour démontrer les propriétés de la *ligne droite* et des *parallèles*, dés difficultés qu'ils ne purent surmonter ; ils ont donc imaginé de placer à la tête de leurs ouvrages, sous le nom d'*axiomes*, des vérités dont le simple énoncé suffit pour en faire reconnaître l'évidence, et ils glissèrent parmi ces axiomes, comme également évidentes, d'autres vérités qui le sont bien moins. Les véritables axiomes n'ont pas besoin d'être placés à la tête d'un livre : si dans le cours d'une démonstration je conclus à l'égalité de deux quantités, par la raison que chacune d'elles est égale à une troisième, le lecteur m'entend parfaitement, sans que j'aye besoin de lui rappeler que c'est en vertu d'un axiome précédemment établi. Comme toutes les vérités que la nécessité seule a érigées en axiomes se trouvent démontrées dans cet ouvrage, j'ai cru devoir supprimer les axiomes comme inutiles.

Dans la Préface qui se trouve à la tête des premières éditions de son ouvrage, le célèbre Legendre a tracé une route pour démontrer toutes les propriétés de la *ligne droite*; il n'a pas suivi lui-même cette marche, crainte de partir d'une définition qui ne lui a pas paru assez claire. La manière dont je définis la ligne droite revient, quant au fond, à celle indiquée par ce savant Auteur; je crois cependant avoir donné à cette idée un développement qui ne laisse rien à désirer du côté de la clarté; je me suis attaché sur-tout à convaincre l'esprit de l'existence de cette ligne qui peut tourner autour de ses deux extrémités sans qu'aucun des points intermédiaires ne change de place.

La définition ordinaire du *plan* m'a aussi paru laisser quelque chose à désirer : d'abord parce qu'il me semble qu'une bonne définition doit s'accorder avec l'acception vulgaire du mot qu'on définit, ce que j'ai toujours essayé de faire; et d'un autre côté, il resterait à prouver l'existence d'une telle surface à laquelle on pût appliquer une ligne droite dans tous les sens. J'ai donc cru devoir adopter pour le *plan* une définition semblable à celle de la ligne droite, et après avoir démontré que par deux points on ne peut faire passer qu'une seule droite, je démontre également qu'une ligne droite qui a deux points dans un plan y est toute entière.

En conservant la définition de *l'angle* donnée par M.r Legendre, qui est sans contredit la mieux choisie, j'y ai ajouté l'idée d'une *partie de révolution*, ce qui donne à l'angle une valeur numérique; *l'angle droit*, présenté comme produit par un quart de révolution, devient par sa définition une quantité déterminée, et l'on n'a plus besoin de prouver que tous les angles droits sont égaux entre eux.

J'ai écarté au commencement l'idée des *trois dimensions* que j'ai réservée pour le moment où il est à propos de définir cette expression.

Revenons aux *parallèles*. M.r Legendre a donné dans ses premières éditions une démonstration très-ingénieuse pour démontrer que la somme des trois angles d'un triangle est égale à deux angles droits, d'où il déduit la théorie des parallèles; il est obligé cependant de convenir dans ses notes qu'il a dû regarder comme évident que par un point situé dans un angle moindre que ⅔ d'un angle droit, on peut mener une ligne qui rencontre les deux côtés de l'angle. Cet inconvénient, et sur-tout la longueur prodigieuse de cette démonstration qui est d'autant plus fatiguante pour les Professeurs et pour les élèves, qu'elle se trouve presque au commencement où tout est encore nouveau pour l'élève; toutes ces considérations ont sans doute décidé cet Auteur célèbre à supprimer cette démonstration dans sa 9.ᵉ édition, et à y substituer, pour expliquer la théorie des parallèles, une espèce de raisonnement qui est bien loin d'avoir la force d'une démonstration. Après bien des tentatives infructueuses, mes recherches ont été couronnées de succès; et si dans ce qui concerne la ligne droite et l'angle, j'ai tiré quelque avantage de l'idée d'un mouvement de rotation, celle d'un mouvement de translation m'a procuré la démonstration la plus simple qu'on pût désirer de la théorie des parallèles qui est toute renfermée dans ces deux propositions : *Deux droites qui font avec une troisième deux angles intérieurs dont la somme est égale à deux droits, ne se rencontrent pas. Deux droites qui font avec une troisième deux angles intérieurs dont la somme est moindre ou plus grande que deux droits, se rencontrent.*

C'est l'importance de cette démonstration qui seule a pu me décider à publier une Géométrie après l'excellent ouvrage de Mr Legendre qui n'a guère laissé à glaner après lui.

Il est important que j'avertisse que quand je parle ici de mouvement, je ne prétends point faire entrer en Géométrie l'idée de la vîtesse et du temps, mais d'un simple changement de position, et la Géométrie de Legendre même fourmille d'exemples de ce genre.

La division de la Géométrie en huit livres est, depuis l'émission de l'ouvrage cité, consacrée par l'usage, et j'ai dû la conserver.

Dans le choix des démonstrations, j'ai préféré celles qui exigent le moins de construction ; mais c'est sur-tout dans les propositions où l'on rencontre l'incommensurable, et pour lesquelles on ne peut guère se passer de la *réduction à l'absurde*, que j'ai tâché d'éviter totalement les constructions et d'y substituer un raisonnement sur les nombres ; c'est bien l'idée des *limites*, mais perfectionnée de manière à emporter avec elle la même rigueur que les figures d'Euclide qui choquent la vue.

J'ai employé, pour approcher du rapport de la circonférence au diamètre, une suite de polygones isopérimètres dont le nombre des côtés augmente en raison double, et dont les rayons des cercles inscrits et circonscrits s'obtiennent par les formules les plus simples.

Les élèves doivent avoir quelques notions de l'Algèbre ; cette connaissance devrait s'étendre aux équations du second degré ; cependant les lecteurs peu avancés dans cette science peuvent passer ce qui se trouve imprimé en plus petits caractères ; mais lorsqu'ils passeront à la seconde partie de cet ouvrage , ils doivent déjà avoir acquis plus de connaissances dans l'Algèbre.

La seconde Partie qui contiendra la *Géométrie solide* et qui sera suivie de la *Trigonométrie*, contiendra dans des notes les démonstrations de plusieurs propositions de Legendre.

Dans l'attente que cet ouvrage aura quelque utilité pour les progrès de la science, je me flatte qu'il sera reçu favorablement du Public, et je compte sur son indulgence pour les imperfections qui pourraient s'y être glissées.

ÉLEMENS

DE

GÉOMÉTRIE.

LIVRE PREMIER.

LES PRINCIPES.

DÉFINITIONS.

1. LA *Géométrie* a pour objet la mesure de l'étendue.

2. Tout corps occupe une partie de l'espace. Les extrémités où cette partie de l'espace et l'espace environnant se touchent, forment ce qu'on appelle la *surface* du corps. De même, le lieu où deux parties d'un même corps se touchent, est une *surface*. La *surface* n'est partie d'aucun corps ; elle est commune aux deux parties de l'espace qui se touchent, et leur sert également de limite.

3. La surface peut à son tour être terminée à son extérieur par ce qu'on appelle *ligne* : ABCDE fig. 1. est une *ligne* ; le lieu AD où deux parties d'une même surface se touchent est également une *ligne*. La *ligne* n'est partie d'aucune surface : elle est commune aux deux parties de surface qui se touchent, et leur sert également de limite.

fig. 2.

4. La ligne FG peut à son tour être limitée à ses deux extrémités par les *points* F et G. Le lieu H où les deux parties d'une même ligne se touchent est également un *point*. Le *point* ne s'étend dans aucun sens, et n'est pas une quantité. Un point ne diffère d'un autre que par sa position relative à d'autres objets.

5. Si on imagine la ligne FHG fixe en ses deux extrémités F et G et tournant alentour, elle parviendra entre autres à la position FH'G, et outre les deux points extrêmes, il n'y aura que le point I qui ait conservé sa première position : tous les autres se seront écartés plus ou moins de leur première place. On pourra donc imaginer tous les points de la ligne FHG retirés vers le milieu de la figure pour occuper tous une position semblable à celle du point I : telle est la forme de la ligne

fig. 3.

KL : celle-ci pourra tourner autour de ses deux extrémités K et L, sans qu'aucun des points intermédiaires ne change de place : une telle ligne est appelée *ligne droite.*

6. Pendant que la droite KL tourne autour de ses deux points extrêmes K et L, une partie quelconque KM de cette ligne tourne en même tems autour de ses deux points extrêmes K et M, puisque le point M a également resté fixe, ce qui fait voir que *les parties d'une ligne droite sont elles-mêmes des lignes droites.*

fig. 4.
fig. 2.

7. La ligne NOPQ, composée de plusieurs lignes droites, est une ligne *brisée*, et la ligne FHG qui n'est ni droite ni composée de droites, est une ligne *courbe.*

8. Aussi bien que la ligne FHG se présente sous une forme différente lorsqu'elle est retournée en

FH'G, et que c'est en rapprochant ces deux positions qu'on obtient la ligne droite, de même une
surface quelconque étant retournée, et sa seconde
position étant appliquée contre la première, elles
ne peuvent pas toujours coincider: les éminences
de la première se changent en cavités dans la
seconde, et les cavités deviennent éminences ;
en rapprochant ces deux positions vers le milieu
pour les faire coincider, la surface devient ce
qu'on appelle *plan*. Le *plan* est donc une surface
qui conserve la même forme, quel que soit celui
des deux côtés duquel on la considère, et qui
étant retournée, peut s'appliquer sur sa première
position et coincider parfaitement avec elle.

N. B. Dans cette première partie tout est supposé se passer
dans un même plan.

9. Toute surface qui n'est ni plane ni composée de surfaces planes, est une *surface courbe*.

10. Lorsque deux lignes droites BA, AC, se fig. 5.
rencontrent en un point A, elles comprennent
entre elles un *angle*, et cet angle est d'autant plus
grand que ces deux lignes sont plus écartées l'une
de l'autre *quant à leur position* ; la grandeur des
lignes n'influe pas sur la valeur de l'angle qui ne
change pas, quelque loin qu'on prolonge ces
lignes.

Pour se faire une idée exacte de la valeur d'un
angle, il faut se figurer que la ligne indéfinie AB
tourne autour du point fixe A pour arriver dans
la position AC ; en continuant ce mouvement dans
le même sens, elle finira par se retrouver dans sa
position primitive, et elle aura alors fait une *ré-*
volution ; lorsqu'elle est d'abord arrivée dans la
position AC, elle a exécuté une partie plus ou

moins grande de cette révolution : en évaluant cette partie on évalue l'angle.

Le point de rencontre ou d'*intersection* A des deux lignes est le *sommet* de l'angle ; les lignes AB, AC, en sont les *côtés*.

On désigne quelquefois l'angle par la lettre A placée au sommet ; mais lorsque plusieurs angles ont le même sommet, il y aurait de l'équivoque, et l'on désigne alors l'angle par les trois lettres BAC ou CAB, ayant soin de mettre la lettre du sommet au milieu.

11. Lorsque la ligne AB se mouvant autour du point fixe A, est parvenue à la position AE, pro-longement de la même droite AB, elle aura fait une *demi-révolution* ; car la ligne droite BE doit, suivant sa définition, être symétrique de part et d'autre, c'est-à-dire, qu'elle doit être vue sous la même forme du dessus comme du dessous ; la quantité de mouvement que AB doit faire par dessus pour arriver en AE, est donc égale à la quantité de mouvement que AE fera par dessous pour revenir en AB.

Il résulte de-là que la ligne droite peut être pro-longée jusqu'à l'infini, puisqu'en quelque point qu'elle soit d'abord terminée, il n'y aura qu'à lui faire faire une demi-révolution autour de ce point pour avoir son prolongement au-delà.

12. Lorsqu'après un *quart de révolution*, AB parvient à la position AD, l'angle BAD, égal alors à DAE, est appelé *angle droit*. Les deux lignes AB, AD, qui comprennent entre elles un angle droit, sont dites *perpendiculaires* l'une à l'autre.

13. Tout angle BAC moindre qu'un angle droit

est un angle *aigu* ; tout angle CAE plus grand qu'un angle droit est un angle *obtus*.

14. Deux lignes sont dites *parallèles*, lorsque fig. 6. situées dans un même plan , elles ne peuvent se rencontrer , à quelque distance qu'on les prolonge l'une et l'autre.

15. *Figure plane* est un plan terminé de toutes fig. 1. parts par une ligne. Si cette ligne est composée de droites , la figure est dite *rectiligne* ou s'appelle fig. 7. *polygone.* La ligne ou l'ensemble des lignes qui terminent une figure, en forme le contour ou *périmètre* Les droites qui terminent un polygone, en sont les *côtés*.

16. La ligne AC qui joint les sommets de deux angles non adjacens d'un polygone, s'appelle *diagonale.*

17. Un polygone est *équilatéral* lorsqu'il a tous les côtés égaux ; il est *équiangle* lorsque tous ses angles sont égaux.

18. Il faut au moins trois lignes droites pour fermer une figure ; alors elle s'appelle *triangle* ; un polygone de quatre côtés est un *quadrilatère,* celui de cinq un *pentagone,* de six *hexagone,* etc.

19. Le triangle est *équilatéral* lorsqu'il a les fig. 8. trois côtés égaux ; il est *isoscèle* lorsque deux de fig. 9. ses côtés seulement sont égaux ; il est *scalène* fig. 10. lorsqu'il a les trois côtés inégaux.

20. On appelle triangle *rectangle* le triangle fig. 11. qui a un angle droit. Le côté BC, opposé à l'angle droit A, s'appelle *hypoténuse.*

21. Parmi les quadrilatères on distingue :

Le *quarré* qui est à-la-fois équilatéral et équi- fig. 12. angle.

fig. 13. Le *rectangle* qui est équiangle seulement.

fig. 14, Le *losange* qui est seulement équilatéral.

fig. 15. Le *parallélogramme* ou *rhombe* dont les côtés opposés sont parallèles deux à deux.

fig. 16, Enfin le *trapèze* dont deux côtés seulement sont parallèles.

22. Deux polygones sont *équilatéraux entre eux* lorsqu'ils ont les côtés égaux chacun à chacun et placés dans le même ordre, c'est-à-dire, qu'en suivant leurs contours dans un même sens, le premier côté de l'un est égal au premier côté de l'autre, le second au second, le troisième au troisième et ainsi de suite. C'est d'une manière semblable qu'on interprétera l'expression *deux polygones équiangles entre eux*.

Dans ces cas, les côtés ou angles correspondans égaux, sont appelés côtés ou angles *homologues*.

23. Nous appellerons, selon M.ʳ Legendre, *ligne convexe* une ligne brisée ou courbe telle que toutes les droites qui peuvent joindre deux de ses points, tombent du même côté de la ligne et vers lequel côté elle tourne sa *concavité* ; sa *convexité* est alors tournée du côté opposé : telle est fig. 4. NOPQ où toute nouvelle droite qui joindrait deux de ses points tomberait au-dessus de NOPQ : cette ligne tourne alors sa concavité vers le haut fig. 2. et sa convexité vers le bas. FHG n'est pas une ligne convexe, parce qu'une droite qui joindrait deux points de la partie FI, tomberait au-dessous de la ligne, tandis qu'une droite qui joindrait deux points de la partie IG, tomberait au-dessus ; la partie FI tourne sa convexité vers le haut et sa concavité vers le bas, et la partie IG fait le contraire. Nous dirons dans le même sens qu'une

figure fermée est *convexe* lorsque toute droite qui joindrait deux points quelconques du contour, se trouverait en dedans de la figure : telle est ABCDE. Les angles d'un polygone convexe sont dits *sail-lans* ; un polygone qui n'est pas convexe a des angles *rentrans* : tel est le polygone *abcdef* où fig. 42. l'angle *b* est rentrant.

Il suit de cette définition qu'une ligne convexe ne peut être coupée par une droite en plus de deux points ; car si elle l'était en trois, les deux parties comprises entre les trois points d'intersec-tion se trouveraient des deux côtés différens de la ligne.

Explication des termes usités dans les propo-sitions de Géométrie.

Théorème est une proposition appuyée sur un raisonnement appelé *démonstration*.

Problème est une question proposée qui exige une *solution*.

Lemme est une vérité employée subsidiaire-ment pour préparer la démonstration d'une autre verité qu'on a principalement en vue.

Corollaire, conséquence qui découle d'une ou de plusieurs propositions.

Scholie, remarque sur une ou plusieurs propo-sitions précédentes, contenant des éclaircisse-mens ou développemens.

Hypothèse, ce qu'on suppose, soit dans l'é-noncé d'une proposition, soit dans le courant d'une démonstration.

Toute proposition renferme explicitement ou implicitement une *hypothèse* et une *conclusion* :

quand je dis : *si deux lignes droites se rencontrent*, je suppose que deux droites se rencontrent quelque part, et voilà une *hypothèse*; et en l'admettant, je conclus à autre chose qui doit arriver en même tems et qui forme la seconde partie de la proposition; quand je dis ce qui arrive dans un triangle, je suppose implicitement qu'un triangle se trouve construit quelque part; et ce n'est qu'en l'admettant que je conclus à autre chose. Il faut bien distinguer ces deux parties de la proposition.

PROPOSITION PREMIÈRE.

THÉORÈME.

fig. 17. *Par deux points donnés A et B on ne peut faire passer qu'une seule ligne droite.*

D'abord on ne peut faire passer qu'une seule ligne droite entre A et B; car supposons qu'on puisse en faire passer deux, l'une par C et l'autre par M; ces deux lignes comprendraient entre elles une surface, et l'on pourrait imaginer que cette surface tourne autour de la première droite ACB, et de dessus qu'elle était, elle viendrait dessous; par ce mouvement la seconde ligne AMB qui termine cette surface, serait entraînée en AM'B; elle aurait donc changé de position en tournant autour des deux points fixes A et B, ce qui est contraire à * déf. 5. la définition de la ligne droite *; donc AMB n'en est pas une.

Supposons maintenant que deux droites ayant une partie commune ACB. se séparent ensuite, l'une passant en D et l'autre en E; puisque ABD est une ligne droite, lorsque AB, tournant autour du point B, sera arrivée dans la position BD, elle * déf. 11. aura fait une *demi-révolution* *; donc pour aller de AB en BE en passant par BD, il faut une quantité de mouvement plus grande qu'une demi-révolution, tandis que pour retourner de BE en AB par dessous il faut une quantité moindre; donc la ligne ABE vue du dessus et du dessous, se présentera sous deux formes différentes, ce qui ne s'accorde pas non plus avec la définition de la ligne droite; donc ABE n'en est pas une.

Corollaire. Une ligne droite est déterminée, *quant à sa position*, par la connaissance de deux points par lesquels elle doit passer. Si la longueur est en même tems donnée, elle est entièrement déterminée.

PROPOSITION II.

THÉORÊME.

Une ligne droite dont deux points sont dans un plan, est toute entière dans ce plan.

Supposons que le plan tourne autour de ces mêmes deux points; il arrivera à sa seconde position qui coïncidera avec la première *; la ligne   * déf. 8
sera également entraînée dans ce mouvement; et si elle était en partie hors du plan, la partie qui était d'abord d'un côté du plan, serait transportée du côté opposé; la ligne changerait donc de position sans cesser de passer par les deux mêmes points, ce qui ne peut arriver à la ligne droite; donc cette droite n'a aucune partie hors du plan.

PROPOSITION III.

THÉORÊME.

Toute ligne droite AC qui en rencontre une   fig. 5.
autre BE, fait avec celle-ci deux angles adjacens BAC, CAE, dont la somme est égale à deux angles droits.

Puisque BE est une ligne droite, la somme des quantités de mouvement pour passer de AB en AC et de-là en AE est une demi-révolution, qui est *déf. 12 la mesure de deux angles droits * ou des deux angles BAD, DAE.

Corollaire 1. Réciproquement, *si deux angles adjacens BAC, CAE, valent ensemble deux angles droits, les deux côtes extérieurs BA, AE, seront en ligne droite ;* car, par hypothèse, la somme des quantités de mouvemeut est une demi-révolution ; donc BE est une ligne droite.

fig. 18.   *Corollaire* 2. *Tous les angles consécutifs BAC, CAD, DAE, EAF, formés d'un même côté de la droite BF, pris ensemble, valent deux angles droits ;* car la somme des quantités de mouvement relatives à ces angles est toujours une demi-révolution, quel que soit le nombre des parties dans lesquelles on la partage.

PROPOSITION IV.

THÉORÈME.

fig. 19.   *Toutes les fois que deux lignes droites AB, DE, se coupent, les angles ACD, BCE, opposés au sommet sont égaux.*

Suivant le théorème précédent, puisque AB est une ligne droite, la somme des angles ACD, BCD, sera égale à deux droits ; et puisque DE est aussi une ligne droite, la somme des angles BCD, BCE, sera aussi égale à deux droits ; donc ACD + BCD = BCD + BCE. Supprimant de part et d'autre l'angle commun BCD, il restera ACD = BCE. On trouvera semblablement ACE = BCD.

Scholie 1. Ces quatre angles réunis autour du point C valent ensemble quatre angles droits ; car la somme des quantités de mouvement relatives à ces angles forme une *révolution* entière qui est la mesure de quatre angles droits.

En général, si tant de droites qu'on voudra fig. 18. AO, BO etc. se rencontrent en un point O, la somme de tous les angles consécutifs sera égal à deux droits par la même raison.

Scholie 2. La proposition inverse n'a pas lieu ; car de ce que deux angles ACD, BCE, opposés au fig. 19. sommet sont égaux, il ne s'en suit pas que ACB ni DCE soit une ligne droite, puisqu'on peut tourner l'angle BCE autour de son sommet pour lui faire occuper la position *bCe*, ce qui n'empêchera pas que *bCe* ne soit égal à ACD, et cependant ni AC*b* ni DC*e* ne sont des lignes droites.

Mais si les angles opposés au sommet sont égaux *deux à deux*, ils seront formés par deux lignes droites qui se coupent ; si, par exemple, outre l'égalité ACD = BCE, on avait encore ACE = BCD, je dis que ACB et DCE seront des lignes droites ; car en ajoutant membre à membre les deux égalités supposées, on aura ACD + ACE = BCE + BCD ; mais la somme des quatre angles est égale à quatre droits ; et puisque la somme des deux d'entre eux est égale à la somme des deux autres, chacune de ces sommes partielles sera égale à deux droits ; donc, en vertu du premier corollaire du théorème précédent, DCE sera une ligne droite. On prouvera de même que ACB est une ligne droite.

PROPOSITION V.
THÉORÈME.

Deux triangles sont égaux lorsqu'ils ont un angle égal compris entre deux côtés égaux chacun à chacun.

fig. 21. Soit l'angle A du triangle ABC égal à l'angle D du triangle DEF, le côté AB=DE, et le côté AC =DF , je dis que ces deux triangles seront égaux.

Car on peut appliquer ces deux triangles l'un sur l'autre et les faire coincider ; en effet, il n'y a qu'à poser DE sur son égal AB ; le point D tombera en A , et le point E en B ; et puisque l'angle D est égal à l'angle A , du moment que DE se trouve sur AB, DF prendra la direction de AC ; mais DF est aussi égal en grandeur à AC ; donc le point F se trouvera en C , et le troisième côté EF se trouvera sur BC , de sorte que les deux triangles se couvriront exactement ; donc ils sont égaux.

Scholie. Dans un triangle il y a six choses à considérer , les trois côtés et les trois angles. Dans ce théorême , ainsi que dans le suivant , on suppose trois de ces choses égales dans les deux triangles , et l'on conclut de-là à une égalité parfaite , c'est-à-dire , que les trois autres choses seront aussi égales chacune à chacune.

PROPOSITION VI.

THÉORÊME.

Deux triangles sont égaux lorsqu'ils ont un côté égal adjacent à deux angles égaux chacun à chacun.

fig. 21. Soit le côté BC du premier triangle=EF du second , l'angle B=E , et l'angle C=F , je dis que ces deux riangles seront égaux.

En effet , on peut encore superposer ces deux triangles ; il suffira pour cela de placer EF sur son égal BC ; l'angle E étant =B , le côté ED prendra la direction BA ; l'angle F étant =C , le côté FD prendra la direction CA ; le point D se trouvera donc à-la-fois sur la direction BA et sur celle CA ; il tombera donc sur le point d'intersection A de ces deux lignes, et les triangles se couvriront ; donc ils sont égaux.

PROPOSITION VII.

THÉORÈME.

Dans un triangle isoscèle les angles opposés aux côtés égaux sont égaux.

Soit le côté AB=AC, je dis que l'angle C sera =B.   fig. 22.

Car soit le triangle ABC retourné de manière que le point B qui d'abord était à gauche, se trouve à droite dans la nouvelle position, et que le point C qui se trouvait d'abord à droite, passe à gauche. Ces deux triangles peuvent être superposés, comme dans la 5.ᵉ proposition, en plaçant d'abord le côté AC du second triangle sur son égal AB du premier, puisque l'angle A n'a pas changé de valeur par le renversement, et que le côté AB du second triangle est aussi égal au côté AC du premier ; l'angle C du second triangle, qui est le même que l'angle C du premier, coïncidera alors avec l'angle B du premier ; donc il lui est égal.

Corollaire. Un triangle équilatéral est en même tems équiangle.

Scholie. Si l'on divise l'angle A du *sommet* du   fig. 9. triangle isoscèle ABC en deux parties égales par la droite AD, les deux triangles partiels ABD, ACD, seront égaux comme ayant un angle égal compris entre côtés égaux chacun à chacun *, sa-   * pr. 5. voir, l'angle BAD=CAD par construction, AB =AC par hypothèse, et AD commun, ce qui prouve également que l'angle B=C ; de plus que

BD$=$CD , et que l'angle ADB$=$ADC ; donc ces
deux angles sont droits* ; donc *la ligne qui divise
en deux parties égales l'angle du sommet d'un
triangle isoscèle, passe par le milieu de la base,
et est perpendiculaire à cette base.*

Dans un triangle non isoscèle on prend pour
base un quelconque des côtés, et le *sommet* est
celui de l'angle opposé à ce côté ; mais dans le
triangle isoscèle on prend particulièrement pour
base le côté qui n'est point égal aux autres.

PROPOSITION VIII.

THÉORÊME.

*Réciproquement, si deux angles sont égaux
dans un triangle, les côtés opposés à ces angles
seront égaux, de sorte que le triangle sera
isoscèle.*

Soit l'angle B$=$C , je dis que le côté AC sera
$=$AB.

Car soit , comme dans le théorême précédent,
le triangle ABC retourné en ACB ; la superposi-
tion de ces deux triangles pourra s'opérer , comme
dans la 6.e proposition , en plaçant le côté CB du
second triangle sur son égal BC du premier, le
point C sur B et B sur C, puisqu'en même tems
l'angle C du second triangle coïncidera avec son
égal B du premier, et l'angle B du second avec C
du premier ; mais alors le côté AC du second
triangle, qui est le même que le côté AC du premier, couvrira AB ; donc il lui est égal.

PROPOSITION IX.

THÉORÊME.

*Si deux lignes droites AC, BD, font avec une
troisième AB deux angles intérieurs CAB, ABD,*

*dont la somme soit égale à deux angles droits,
les lignes* AC, BD, *seront parallèles.*

Soit prolongée CA vers D' et DB vers C', puisque CD' est une ligne droite, la somme des angles adjacens CAB, BAD', est égale à deux droits * ;   * pr. 3.
par hypothèse la somme des angles CAB, ABD, est aussi égale à deux droits ; donc CAB+BAD' =CAB+ABD ; supprimant l'angle commun CAB de part et d'autre, il restera l'angle BAD'=ABD. Par un raisonnement semblable l'angle ABC' sera =BAC. On pourra donc renverser et retourner à-la-fois la figure CABD de manière que le point A tombe en B et le point B en A, qu'en même tems AC prenne la direction BC' et BD celle de AD'. Si donc AC et BD se rencontraient quelque part au-dessus de AB, ces deux lignes se rencontreraient encore dans leur nouvelle position au-dessous de AB ; ces deux lignes différentes passeraient donc par les deux mêmes points de rencontre, ce qui est impossible * ; donc AC et BD ne se rencon-   * pr. 1a.
trent ni au-dessus ni au-dessous et sont parallèles.

Corollaire 1. Deux lignes perpendiculaires à une troisième sont parallèles.

Corollaire 2. D'un point hors d'une droite on ne peut abaisser qu'une seule perpendiculaire à cette droite. Il est évident que par un point sur la droite on ne peut également élever qu'une seule perpendiculaire à cette droite.

Scholie. Si l'on imagine que la ligne AB glisse sur son prolongement vers E et entraîne dans son mouvement l'angle CAB, cet angle arrivera dans la position DBE, puisque l'angle DBE doit, suivant l'hypothèse, être=CAB ; or par ce mouvement tous les points de la ligne AC doivent également quitter leur position, de sorte que AC et BD n'auront aucun point commun, ce qui peut également servir à démontrer notre théorême.

PROPOSITION X.

THÉORÊME.

Si deux lignes droites AC, BD, font avec une troisième AB deux angles intérieurs CAB, ABD, dont la somme soit moindre que deux angles droits, ces deux lignes AC, BD, suffisamment prolongées, se rencontreront.

Prolongeons AB vers G; la somme des angles ABD, DBG, sera égale à deux droits; et puisque par hypothèse la somme des angles CAB, ABD, est moindre que deux droits, on aura ABD+DBG $>$ CAB+ABD. Retranchant de part et d'autre l'angle commun ABD, il restera DBG $>$ CAB.

Si donc on fait l'angle GBH=BAC, la partie supérieure de la ligne BH se trouvera toute entière à la droite de BD et n'aura que le seul point B sur cette dernière ligne.

Qu'on imagine maintenant que la ligne GB glisse sur son prolongement vers A et entraîne avec elle l'angle GBH; tous les points de la ligne BH, indéfiniment prolongée, tendront à passer à la gauche de BD, mais ils ne pourront le faire qu'en passant d'abord sur cette ligne: ainsi le point B qui se trouve déjà sur cette ligne, sera le premier à la quitter; lorsqu'il sera transporté en B', le point I sera transporté sur BD en i; lorsqu'ensuite B passera en B'', le point i quittera à son tour la ligne BD pour passer à la gauche de cette ligne, et un autre point I' arrivera sur BD en i'; deux points de la ligne BH ne passeront jamais à-la-fois sur la ligne BD; car si cela pouvait se faire, la ligne BH

se confondrait alors toute entière avec BD , et
l'angle GBH serait dérangé ; tous les points I , I'
etc. ne passeront donc que l'un après l'autre.

Or , je dis que quelque loin que soit transportée
la ligne BH, il y aura toujours un de ses points sur
BD ; car , pour que la ligne BH pût passer entièrement à la gauche de BD , comme ce passage ne
peut s'effectuer que point par point, il faudrait
qu'un de ces points passât le dernier et ne laissât
aucun autre point après lui à la droite de BD , ce
qui est impossible ; car la ligne droite BH peut
être prolongée jusqu'à l'infini *, et lorsque ce pré- * déf. 11
tendu dernier point , avant de passer, s'est trouvé
sur la ligne BD , il y avait encore une infinité
d'autres points au-dessus qui se trouvaient à la
droite de BD , et qui pourraient passer chacun à
son tour ; donc aucun point de la ligne BH ne
peut être regardé comme le dernier à passer , et
la ligne BH aura dans toutes ses positions un point
commun avec BD ; or l'angle GBH arrivera aussi
en BAC , et alors encore , BH qui est devenu AC ,
aura un point commun avec BD ; donc AC rencontre BD.

Il en serait autrement si , comme dans le cas du
théorème précédent, BD avait la direction BH ;
alors tous les points de BH quittent spontanément
leur position , comme nous l'avons expliqué dans
le scholie.

Corollaire 1. Si deux droites MP , NQ , font   fig. 25.
avec une troisième MN deux angles PMN , MNQ ,
dont la somme soit plus grande que deux angles
droits, ces deux lignes se rencontreront sur leurs
prolongemens vers P' et Q' ; car la somme des
deux angles en M valant deux droits, ainsi que celle
des deux angles en N , la somme de ces quatre

angles sera égale à quatre droits ; et si de cette somme on retranche PMN + MNQ qui, par hypothèse, excède deux droits, le reste P'MN + MNQ' sera moindre que deux droits, ce qui rentre dans le cas de notre théorême.

fig. 24.   *Corollaire* 2. Par un point B on ne peut mener qu'une seule parallèle à une ligne AC ; car il n'y a que la seule ligne BH qui fasse la somme des angles CAB, ABH, égale à deux angles droits, et qui par conséquent est parallèle à AC ; toute autre ligne BD ferait la somme des angles CAB, ABD, plus grande ou plus petite que deux angles droits, et ainsi elle rencontrerait AC.

fig. 23.   *Corollaire* 3. Lorsque deux parallèles CD', DC', sont coupées par une troisième ligne FE qu'on appelle alors *sécante*, 1.° la somme des angles intérieurs CAB, ABD, est égale à deux angles droits ; car autrement AC et BD se rencontreraient et ne seraient pas parallèles. 2.° Si la sécante est perpendiculaire à l'une des parallèles, elle l'est aussi à l'autre, c'est-à-dire, que *les parallèles ont leurs perpendiculaires communes*. 3.° Les angles CAB, ABC', sont égaux, puisque l'un et l'autre fait avec le même angle ABD une somme égale à deux angles droits ; et comme ces angles CAB, ABC', sont aussi égaux à leurs opposés au sommet FAD', DBE, on a donc quatre angles aigus égaux ; on a de même quatre angles obtus égaux FAC, ABD, BAD', EBC'.

Corollaire 4. Deux lignes parallèles à une troisième sont aussi parallèles entre elles ; car toute perpendiculaire à la troisième sera aussi perpendiculaire à chacune des deux premières qui lui sont parallèles ; ces deux-ci ont donc leurs perpendiculaires communes ; donc * elles sont parallèles.

Scholie. Parmi les quatre angles égaux il y en a qui sont situés entre les parallèles mais des deux côtés opposés de la sécante, comme les deux angles CAB, ABC', ou les deux angles ABD', BAD' : on appelle ces sortes d'angles *alternes - internes*; d'autres sont situés hors des parallèles et des deux côtés opposés de la sécante : tels sont FAC, EBC', ou bien DBE, FAD' : on les désigne sous le nom d'*alternes-externes*; d'autres dont l'un est en dedans et l'autre hors des parallèles mais tous deux du même côté de la sécante, comme CAB, DBE, ou BAD', EBC', sont appelés *internes-externes* ou *correspondans*. Ainsi en résumant :

Lorsque deux parallèles sont coupées par une sécante :

1.º Les angles intérieurs d'un même côté forment une somme égale à deux angles droits.

2.º Les angles alternes-internes sont égaux.

3.º Les angles alternes-externes sont égaux.

4.º Les angles correspondans ou internes-externes sont égaux.

Réciproquement, si deux lignes droites sont coupées par une troisième de manière qu'une de ces circonstances ait lieu, ces deux lignes seront parallèles. Par exemple, de ce que les angles alternes-internes CAB, ABC', sont égaux, il s'en suit que CAB + ABD = deux angles droits, d'où l'on conclura suivant le théorême précédent que AC et BD sont parallèles.

PROPOSITION XI.

THÉORÊME.

La somme des trois angles d'un triangle est égale à deux angles droits.

fig. 26.   Prolongeons le côté AB du triangle ABC vers D, et menons AE parallèle à BC. Suivant le scholie du théorème précédent, l'angle ABC=DAE comme correspondant, l'angle ACB = CAE comme alterne-interne ; donc la somme des trois angles du triangle ABC+ACB+BAC est égale à la somme des trois angles DAE + CAE + BAC réunis au point A du même côté de la droite BD ;

* cor. 2   cette dernière somme est égale à deux droits* ;
pr. 3.   donc la première l'est aussi.

Corollaire 1. L'angle *extérieur* CAD, formé au dehors du triangle par le prolongement du côté AB, est égal à la somme des deux angles intérieurs opposés ABC+ACB ; puisque l'angle CAD est la somme des angles DAE, CAE, qui sont respectivement égaux aux deux angles ABC, ACB.

Corollaire 2. Dans un triangle il ne peut y avoir qu'un seul angle droit ou un seul angle obtus ; donc il y aura au moins deux angles aigus.

Corollaire 3. Dans le triangle rectangle la somme des deux angles aigus vaut un angle droit. Si le triangle rectangle est en même tems isoscèle, chacun des deux angles aigus vaut un demi-droit.

Corollaire 4. Le triangle équilatéral étant en
* cor.   même tems équiangle*, chacun de ses trois angles
pr. 7.   vaut le tiers de deux droits ou $\frac{2}{3}$ d'un angle droit.

Corollaire 5. Connaissant deux des angles d'un triangle, on trouve le troisième en retranchant de deux angles droits la somme de ces deux angles. Par exemple, si un angle du triangle vaut $\frac{2}{3}$ et l'autre $\frac{6}{5}$ d'un angle droit, on ajoutera $\frac{2}{3}$ et $\frac{6}{5}$, et l'on retranchera la somme de 2 ; il restera $\frac{2}{15}$ d'un angle droit pour le troisième angle.

Corollaire 6. Si deux triangles ont deux angles égaux chacun à chacun, ils auront aussi le troisième angle égal, et seront équiangles entre eux *. * déf. 22

Scholie. Dans la 6.e proposition nous avons dit que deux triangles sont égaux lorsqu'ils ont un côté égal *adjacent* à deux angles égaux chacun à chacun. D'après le corollaire précédent, la restriction exprimée par le mot *adjacent* n'a plus lieu, et deux triangles sont égaux, lorsqu'ils ont un côté égal et deux angles égaux chacun à chacun, pourvu que le côté égal soit semblablement placé dans les deux triangles.

PROPOSITION XII.

THÉORÊME.

De deux angles d'un triangle celui-là est le plus grand qui est opposé à un plus grand côté, et réciproquement, de deux côtés d'un triangle celui-là est le plus grand qui est opposé à un plus grand angle.

1.° Soit le côté $AB > AC$, je dis que l'angle fig. 27. ACB opposé au côté AB sera plus grand que l'angle ABC opposé au côté AC.

Je prends sur AB une partie $AD = AC$; dans le triangle isoscèle ACD on a l'angle $ACD = ADC$*; * pr. 7. mais l'angle ADC, extérieur au triangle BCD, est égal à la somme des angles intérieurs opposés *, * cor. 1 et par conséquent plus grand que l'un d'eux ABC; pr. 11. donc aussi $ACD > ABC$, et à plus forte raison $ACB > ABC$.

2.° Réciproquement, de ce que l'angle $ACB > ABC$, l'on conclura que le côté $AB > AC$.

Car AB ne peut alors être $< AC$, puisqu'il en résulterait, contre l'hypothèse, l'angle $ACB < ABC$; il ne peut pas non plus y avoir $AB = AC$, ce qui donnerait, encore contre l'hypothèse, l'angle $ACB = ABC$; donc $AB > AC$.

PROPOSITION XIII.

THÉORÊME.

fig. 28.

Si d'un point A hors d'une droite EC on mène sur cette droite la perpendiculaire AP et différentes obliques AB, AE, AF :

1.° Les deux obliques AB, AC, dont les pieds B et C s'écartent également de part et d'autre du pied P de la perpendiculaire, seront égales.

2.° La perpendiculaire AP sera plus courte que toute oblique AB.

3.° De deux obliques quelconques AB, AE, ou AC, AE, celle qui s'écarte le plus de la perpendiculaire sera la plus longue.

1.° Puisque par hypothèse BP = CP, les deux triangles ABP, ACP, qui en outre ont l'angle droit en P égal, et le côté AP commun, sont égaux; donc AB = AC; donc 1.° les deux obliques dont les pieds s'écartent également de part et d'autre de celui de la perpendiculaire sont égales.

2.° Dans le triangle ABP l'angle P est droit; donc l'angle ABP sera aigu *; donc, en vertu du théorême précédent, AB opposé à un plus grand angle sera plus grand que AP opposé à un plus petit angle; donc 2.° la perpendiculaire est plus courte que toute oblique.

3.° Dans le triangle ABE, puisque l'angle ABP est aigu, ABE sera obtus, tandis que AEB est aigu; donc l'angle ABE > AEB; donc aussi le côté AE > AB; donc 3.° de deux obliques celle qui s'écarte le plus de la perpendiculaire est la plus longue.

Corollaire. D'un même point on ne peut mener à une ligne que deux droites égales; car ces deux droites doivent se trouver de part et d'autre de la perpendiculaire à égale distance; toute troisième

ligne serait plus ou moins éloignée de la perpendiculaire, et ne pourrait leur être égale.

PROPOSITION XIV.

THÉORÊME.

Si par le point C, milieu de la droite AB, on fig. 29.
élève une perpendiculaire EF sur cette droite,
1.º chaque point de cette perpendiculaire sera
également distant des deux extrémités de la
ligne AB; 2.º tout point situé hors de la perpen-
diculaire du milieu sera plus près de celle des
deux extrémités du côté de laquelle il se trouve.

Car, 1.º puisque AC = CB, les obliques AE,
BE, ou les obliques AF, BF, s'écartent également
de la perpendiculaire; donc elles sont égales;
donc 1.º tout point de la perpendiculaire du milieu est également distant des deux extrémités de
la ligne.

2.º Soit I un point hors de la perpendiculaire
du milieu; si on abaisse la perpendiculaire IP sur
AB; puisque C est le milieu de AB, on aura AP
> BP; donc l'oblique AI s'écarte plus de la per-
pendiculaire IP que l'oblique BI; donc elle est
plus longue; donc 2.º tout point situé hors de la
perpendiculaire du milieu sera plus près de celle
des deux extrémités du côté delaquelle il se trouve.

PROPOSITION XV.

THÉORÊME.

Deux triangles sont égaux, lorsqu'ils ont
deux côtés égaux chacun à chacun et un angle
égal opposé au plus grand de ces côtés.

Soit le côté AB = DE, le côté AC = DF, l'angle fig. 30.
ACB = DFE, et AB > AC, je dis que ces deux
triangles seront égaux.

Puisque AB est plus grand que AC, il s'en suit que AB est oblique sur BC; menons une seconde oblique AB' égale à AB, ce qui est toujours possible. Puisque AC est plus petit que ces deux obliques égales, ce côté sera ou perpendiculaire sur BC ou une oblique plus rapprochée de la perpendiculaire que AB et AB'; donc AC tombe entre AB et AB', et nous le supposerons d'abord oblique. Si maintenant on applique DF sur son égal AC, à cause que l'angle DFE = ACB, le côté FE prendra la direction CB; mais alors DE qui est égal à AB, ne peut que coïncider avec cette oblique, puisqu'il n'y a sur CD aucune autre oblique égale à AB, si ce n'est AB'; celle-ci est hors de l'angle ACB; DE ne peut donc pas prendre la direction AB' mais celle AB, et les deux triangles coïncident.

Si AC était perpendiculaire sur BC, le côté DE pourra prendre aussi bien la direction AB' que celle AB; mais néanmoins les deux triangles seront égaux.

Corollaire. L'hypoténuse d'un triangle rectangle étant plus grande qu'un des côtés, *deux triangles rectangles sont égaux lorsqu'ils ont l'hypoténuse égale et un côté égal.*

PROPOSITION XVI.

THÉORÊME.

Deux triangles sont égaux lorsqu'ils ont les trois côtés égaux chacun à chacun, c'est-à-dire, que les angles opposés aux côtés égaux seront égaux.

On pourra toujours supposer les deux triangles fig. 31. construits sur un côté commun. Soit donc AC un côté commun aux deux triangles ABC, AB'C, le côté AB du premier $=$ AB' du second, BC $=$ B'C, je dis que ces deux triangles seront égaux.

Menons BB'; les points A et C étant chacun à égale distance de B et de B', doivent se trouver tous deux sur la perpendiculaire élevée sur le milieu de BB' *; la droite AC est donc elle-même cette perpendiculaire du milieu; or, les obliques égales AB, AB', doivent s'écarter également de la perpendiculaire *; donc l'angle BAC $=$ B'AC; on trouvera de même ACB $=$ ACB'.

*pr. 14.

*pr. 13.

PROPOSITION XVII.

THÉORÈME.

Si deux côtés d'un triangle sont égaux à deux côtés d'un autre triangle chacun à chacun, et qu'en même tems l'angle compris par les premiers soit plus grand que celui compris par les seconds, le troisième côté du premier triangle sera plus grand que le troisième côté du second.

Soit encore AC un côté commun aux deux triangles ABC, AB'C, le côté AB du premier $=$ AB' du second, et l'angle BAC $>$ B'AC, je dis qu'on aura BC $>$ B'C.

fig. 32.

Je joins BB'; le triangle BAB' sera isoscèle par hypothèse, et la ligne AI qui divise l'angle du sommet BAB' en deux parties égales, sera perpendiculaire sur le milieu de BB'*; mais l'angle BAC étant par hypothèse $>$ B'AC, l'angle BAI qui est la demi-somme de ces deux angles, sera plus petit que BAC, et la perpendiculaire AI tombera entre AC et AB; le point C n'est

*pr. 7. schol.

donc pas situé sur la perpendiculaire AI, élevée
sur le milieu de BB′, mais il est situé par rapport
à cette perpendiculaire du même côté que le point
*pr. 14. B′; donc * il sera plus près de B′ que de B; donc
BC $>$ B′C.

Scholie. Réciproquement, si les deux côtés
AB, AC, d'un triangle sont égaux aux deux côtés
AB′, AC, d'un autre triangle, et qu'en même
tems le troisième côté BC du premier soit plus
grand que B′C du second, je dis que l'angle BAC
opposé au côté inégal dans le premier triangle
sera plus grand que B′AC dans le second; car,
de ce que le point C est plus près de B′ que de
B, la perpendiculaire AI élevée sur le milieu de
BB′ laissera les points C et B′ du même côté; mais
l'angle BAI$=$B′AI; donc l'angle BAC$>$B′AC.

PROPOSITION XVIII.

LEMME.

fig. 33. *Dans un triangle un côté quelconque BC
est plus petit que la somme des deux autres
AB, AC.*

Du sommet A j'abaisse sur BC la perpendiculaire AD dont le pied D tombera, ou entre B
et C, ou sur une des extrémités C même, ou sur
le prolongement de BC.

fig. 33. Dans le premier cas, BD perpendiculaire sur
AD, sera plus courte que l'oblique AB; on a de
même CD$<$AC; ajoutant membre à membre, on
a BD$+$DC ou BC$<$AB$+$AC.

fig. 34. Dans le second cas, on a BC$<$AB, et à plus
forte raison $<$AB$+$AC.

fig. 35. Dans le troisième cas, on a BC$<$BD; mais
BD$<$AB; donc à plus forte raison BC$<$AB,
et à bien plus forte raison encore, $<$AB$+$AC.

Seconde manière. Je prolonge le côté AB   fig. 36.
d'une quantité AD=AC, et je joins CD ; dans
le triangle CAD, isoscèle par construction, l'on
a l'angle ADC=ACD *, et ainsi plus petit que   * pr. 7.
BCD. Maintenant dans le triangle BCD, le côté
BC opposé à l'angle BDC ou ADC est plus petit
que BD opposé à l'angle BCD *; mais BD=AB   * pr. 12
+AD=AB+AC; donc BC<AB+AC.

Corollaire. Un côté quelconque d'un triangle
est plus grand que la différence des deux autres ;
car, suivant notre lemme, on a BC+AC>AB ;
retranchant AC de part et d'autre, il reste BC>
AB—AC.

PROPOSITION XIX.

THÉORÊME.

*La ligne droite est le plus court chemin d'un
point à un autre.*

Nous venons de prouver que la ligne droite
BC est plus courte que la ligne brisée en deux
BAC ; elle serait à plus forte raison plus courte
qu'une ligne brisée en trois. Par exemple, AB<   fig. 37.
AD+DC+CB ; en effet, en menant AC, on a
AC<AD+DC ; ajoutant de part et d'autre CB,
on a AC+CB<AD+DC+CB ; mais AB est
même plus petit que AC+CB ; donc il est à
plus forte raison <AD+DC+CB. On continuera ce raisonnement pour une ligne brisée en
tant de parties qu'on voudra.

Mais je dis que la ligne droite est plus courte
qu'une ligne quelconque terminée aux deux
mêmes points et composée ou non de lignes
droites.

Car supposons, s'il est possible, que le plus

fig. 38. court chemin de A en B passe par quelque autre point M hors de la droite AB, et ménons les droites AM, MB; prenons sur AB une partie AN $=$ à la droite AM; la droite AB est plus courte que la somme des droites AM, MB; retranchant d'une part AM, et de l'autre son égale AN, il restera BN $<$ BM.

Que le plus court chemin de A en M soit la droite AM ou une courbe quelconque AIM, il sera toujours égal au plus court chemin de A en N; car la droite AM pourra tourner autour du point A pour occuper la position AN; elle entraînera avec elle la courbe AIM en AiN; donc le plus court chemin de A en M, quel qu'il soit, est égal à celui de A en N. Par un raisonnement à-peu-près semblable, le plus court chemin de B en N est moindre que celui de B en M; donc la somme des plus courts chemins de A en N et de N en B est moindre que la somme des plus courts chemins de A en M et de M en B; on fait donc un détour en passant de A en B par le point M hors de la droite AB qui est par conséquent le plus court chemin.

Nota. Ce dernier raisonnement est imité de celui que fait Mr Legendre pour la sphère.

Corollaire. La ligne droite mesure la vraie distance d'un point à un autre; la perpendiculaire
*pr. 13. mesure celle d'un point à une ligne *.

PROPOSITION XX.

THÉORÊME.

*def. 23

*Si une ligne convexe * est enveloppée par une autre ligne d'une extrémité à l'autre, la ligne enveloppante sera plus longue que la ligne enveloppée.*

Soit d'abord la ligne BOC brisée en deux et enveloppée par BAC, je dis que la ligne enveloppante BAC sera plus longue que l'enveloppée BOC.

Prolongeons BO jusqu'à la rencontre de AC en D, ce qui fournira une nouvelle ligne brisée BDC. Les deux lignes brisées BAC, BDC ont une partie commune DC; la partie brisée BAD de la première est plus grande que la partie droite BD de la seconde; donc la ligne brisée BAC est plus grande que la ligne brisée BDC.

De même les deux lignes brisées BDC, BOC, ont une partie commune BO; la partie brisée ODC de la première est plus grande que la partie droite OC de la seconde; donc la ligne brisée BDC est plus grande que la ligne brisée BOC.

Ainsi des trois lignes brisées BAC, BDC, BOC, la première excède la seconde, et la seconde excède la troisième; à plus forte raison la première excédera-t-elle la troisième.

Soit maintenant la ligne convexe EFGH brisée en trois et enveloppée d'une extrémité à l'autre par la ligne brisée ou courbe EIKLH; prolongeons EF et FG jusqu'à la rencontre de l'enveloppante en K et L; 1.° la ligne EIKLH est plus grande que EFKLH où la partie EIK est remplacée par la droite EK; 2.° la ligne EFKLH est plus grande que EFGLH où la partie FKL est remplacée par la droite FL; 3.° la ligne EFGLH est plus longue que EFGH où la partie GLH est remplacée par la droite GH; ainsi de ces quatre lignes chaque première nommée excède la suivante; donc à plus forte raison la première EIKLH excédera la dernière EFGH.

On continuera ce raisonnement lorsque l'enveloppée est brisée en tant de parties qu'on voudra, pourvu qu'elle soit convexe, afin que les prolongemens FK, GL, etc., tombent au-dehors de la ligne enveloppée, de manière qu'elle ne cesse d'être enveloppée par toutes les lignes dont ces prolongemens font parties.

fig. 41.　Soit enfin une courbe convexe MON enveloppée par MPN, je dis qu'on aura MON < MPN.

En effet, le plus court chemin pour aller de M en N sans descendre au-dessous de l'enveloppée est l'enveloppée elle-même; car, si dans l'espace qui sépare les deux lignes on mène une droite QR qui ne coupe pas l'enveloppée et qui ne fasse tout au plus que la toucher, on aura une nouvelle enveloppante MQRN plus courte que la première, puisque la partie droite QR y remplace la partie QPR; et si l'on traite cette seconde enveloppante comme la première en menant la droite ST, on aura une troisième enveloppante MQSTN plus courte que la seconde; en continuant ce procédé, l'on formera toujours de nouvelles enveloppantes qui deviendront de plus en plus courtes, à mesure qu'elles s'approchent de l'enveloppée; aucune de ces enveloppantes n'est donc le plus court chemin demandé, puisque pour chacune d'elles on peut imaginer une autre plus courte; c'est donc l'enveloppée comme leur dernière limite qui est le plus court chemin; donc MON < MPN.

Ce raisonnement n'aurait plus lieu si l'enveloppée n'était pas convexe, comme cela arrive fig. 42. dans la figure *abcde*, où la partie rentrante *bcd* peut être enveloppée par la droite *bd* plus courte.

Scholie. Le même raisonnement s'applique à prouver qu'une ligne convexe fermée de toutes parts est plus courte que toute autre ligne qui l'envelopperait entièrement; car, on prouvera également que le plus court chemin pour tourner autour de l'enveloppée et revenir au point d'où l'on est parti ne peut être que l'enveloppée elle-même.

PROPOSITION XXI.

THÉORÊME.

La somme de tous les angles intérieurs d'un polygone vaut autant de fois deux angles droits qu'il y a de côtés moins deux.

D'un point quelconque O, intérieur au polygone ABCDE, menons des droites à tous les sommets ; le polygone sera divisé en autant de triangles qu'il y a de côtés; la somme des angles de chacun de ces triangles, valant deux droits *, la somme des angles de tous ces triangles vaudra autant de fois deux droits qu'il y a de côtés dans le polygone; mais la somme des angles de ces triangles est formée de tous les angles du polygone, plus les angles réunis au tour du point O; ces derniers valent ensemble quatre droits *; on obtiendra donc la somme des angles du polygone, en multipliant d'abord deux angles droits par le nombre des côtés, ce qui donne la somme des angles de ces triangles, et en ôtant de ce produit quatre angles droits pour la somme des angles en O; et comme quatre angles droits font la valeur des angles de deux triangles, on peut donc également multiplier deux angles droits par le nombre des côtés moins deux.

fig. 43.

**pr. 1*

** sch. 1.*
pr. 4.

Corollaire 1. En désignant en général par n le nombre des côtés d'un polygone, la somme de ses angles sera exprimée par $2n-4$, l'angle droit étant pris pour unité.

Corollaire 2. Lorsque le polygone est équiangle, on trouvera la valeur de chacun de ses angles en divisant la somme de ses angles par leur nombre, ce qui donne en général $\frac{2n-4}{n}$, ou, en effectuant la division, $2-\frac{4}{n}$. En donnant à n les différentes valeurs 3, 4, 5, 6, etc., la valeur de l'angle d'un polygone équiangle de 3, 4, 5, 6, etc. côtés, sera $2-\frac{4}{3}$, $2-\frac{4}{4}$, $2-\frac{4}{5}$, $2-\frac{4}{6}$, etc., d'où l'on conclura

Que l'angle du triangle équiangle ou équilatéral vaut $2-\frac{4}{3}$ ou $\frac{2}{3}$ d'un angle droit, ce que nous savons déjà. *

cor. 4.

pr. 11.

Que l'angle d'un quadrilatère équiangle vaut $2-\frac{4}{4}$, ou 1, c'est-à-dire, que le quadrilatère équiangle a ses angles droits, ce qui lui a fait donner le nom de *rectangle*. *

déf. 21.

Que l'angle du pentagone équiangle vaut $\frac{6}{5}$, celui de l'hexagone $\frac{4}{3}$, etc.

Scholie. Les angles dont nous évaluons ici la somme, sont essentiellement intérieurs au polygone ; si donc on veut appliquer notre théorême au polygone *abcdef*, dont l'angle *b* est rentrant, il ne faut pas faire entrer en ligne de compte l'angle extérieur *abc*, mais ce qui lui manque pour faire quatre droits, et qui forme la somme des angles *abo*, *cbo* que les deux côtés de cet angle font avec une ligne *ob* menée d'un point intérieur. C'est ainsi que dans la figure MNOPQR, l'angle O doit compter pour trois angles droits, qui, avec les cinq autres angles droits, forment la somme de huit angles droits ; ce qui est la somme des angles d'un hexagone.

fig. 44.

fig. 45.

PROPOSITION XXII.

THÉORÊME.

Si deux parallèles rencontrent deux autres parallèles, les angles qui ont les côtés dirigés deux à deux dans le même sens, ou deux à deux dans le sens contraire, sont égaux; les angles dont deux côtés parallèles sont dirigés dans le même sens, et les deux autres dans le sens contraire, valent ensemble deux angles droits.

Soit AB parallèle à DE, et BC parallèle à EF; si AB ne rencontre pas déjà EF, prolongeons-le jusqu'à la rencontre de EF en I; 1°. les angles ABC, AIF, sont égaux comme *correspondans* * par rapport aux parallèles BC, IF, qui les forment avec la sécante AI; les angles DEF, AIF, sont égaux comme correspondans par rapport aux parallèles AI, DE, qui les forment avec la sécante EF; donc les angles ABC, DEF, tous deux égaux à un troisième angle AIF, sont égaux entre eux; mais ces deux angles ont les côtés dirigés deux à deux dans le même sens. De même, puisque l'angle GEH est aussi égal à DEF, comme opposé au sommet, on aura GEH = ABC; or, ces deux angles ont les côtés dirigés deux à deux dans le sens contraire; donc, 1°. deux angles qui ont les côtés parallèles chacun à chacun, et dirigés deux à deux dans le même sens, ou deux à deux dans le sens contraire, sont égaux.

2°. Puisque la somme des angles DEF, DEG, est égale à deux droits, remplaçant DEF par son égal ABC, on a ABC + DEG = deux droits; mais ces deux angles ont deux côtés parallèles dirigés dans le même sens, et les deux autres dans le sens contraire; donc, 2°. deux angles qui ont deux côtés parallèles dirigés dans le même sens, et deux autres côtés parallèles dirigés dans le sens contraire, valent ensemble deux angles droits.

PROPOSITION XXIII.

THÉORÊME.

Les côtés opposés d'un parallélogramme sont égaux, ainsi que les angles opposés.

D'abord, les angles opposés ont les côtés parallèles chacun à chacun et dirigés deux à deux dans le sens contraire ; donc, suivant le théorême précédent, ils sont égaux. Mais je dis que les côtés *fig. 47.* opposés du parallélogramme ABCD sont égaux ; je mène la diagonale AC ; les triangles ABC, ** pr. 6.* ADC seront égaux, * comme ayant le côté AC commun, l'angle BAC=ACD comme alterne-interne par rapport aux parallèles AB, CD, l'angle ACB=CAD comme alterne-interne par rapport aux parallèles AD, BC ; donc les côtés AB, CD, opposés aux angles égaux, sont égaux ; de même AD=BC.

Corollaire 1. Deux parallèles comprises entre deux autres parallèles sont égales.

fig. 48. *Corollaire* 2. Deux perpendiculaires quelconques EF, GH, communes à deux parallèles AB, CD, sont parallèles entre elles ; donc les parties interceptées IK, LM, sont égales ; donc *deux parallèles sont par-tout à égale distance.*

PROPOSITION XXIV.

THÉORÊME.

Réciproquement, si dans un quadrilatére les côtés opposés ou les angles opposés sont égaux deux à deux, la figure sera un parallélogramme.

1°. Soit le côté AB=CD et AD=BC; en menant la diagonale AC, les deux triangles ABC, ADC, seront égaux comme ayant les trois côtés égaux chacun à chacun *; donc les angles BAC, ACD, opposés aux côtés égaux seront égaux; or ces deux angles sont alternes-internes par rapport à AB, CD; donc * ces deux lignes sont parallèles; on prouvera de même que AD est parallèle à BC.

2°. Soit l'angle ABC=ADC, et BAD=BCD; en ajoutant membre à membre on aura ABC+BAD=ADC+BCD; donc ABC+BAD vaut la moitié de la somme des quatre angles; or cette somme vaut quatre droits *; donc ABC+BAD= deux droits; donc * AD et BC sont parallèles; on prouvera de même que AB et CD sont parallèles.

PROPOSITION XXV.

THÉORÊME.

Si dans un quadrilatère deux côtés opposés AB, CD, sont égaux et parallèles, les deux autres côtés AD, BC, seront aussi égaux et parallèles, et ainsi la figure sera un parallélogramme.

Menons toujours la diagonale AC; les deux triangles ABC, ADC auront l'angle BAC=ACD comme alterne-interne, puisque AB et CD sont supposés parallèles; de plus AB=CD, et AC commun; donc * ces triangles sont égaux; donc AD=BC; de plus, l'angle ACD=CAD, de sorte que AD et BC seront parallèles.

PROPOSITION XXVI.

THÉORÊME.

Les deux diagonales AC, BD d'un parallélogramme se coupent mutuellement en deux parties

égales ; ces diagonales sont égales entre elles
fig. 50. *dans le rectangle, elles sont perpendiculaires*
fig. 51. *l'une à l'autre dans le losange.*

fig. 49.   1.º Puisque ABCD est un parallélogramme, les triangles opposés AOB, COD, seront égaux, puisque le côté AB$=$CD, l'angle OAB$=$OCD, et l'angle ABO$=$CDO ; donc AO$=$OC, et BO$=$OD.

fig. 50.   2.º Si ABCD est un rectangle, les triangles ABC, BAD, auront un angle droit égal compris entre côtés égaux chacun à chacun, et seront égaux ; donc AC$=$BD.

fig. 51.   3.º Si ABCD est un losange, le triangle BAD sera isoscèle, et la ligne AO qui joint son sommet au milieu de la base, sera perpendiculaire à cette
*schol. base. *
pr. 7.   *Scholie.* On prouvera facilement les propositions inverses, savoir : que si deux droites se coupent dans leurs milieux, les lignes qui joignent leurs extrêmités forment un parallélogramme ; que ce sera un rectangle, si les lignes coupantes sont égales ; que ce sera un losange si les lignes se coupent perpendiculairement.

PROPOSITION XXVII.

PROBLÊME.

Trouver la commune mesure entre deux lignes données, si elles en ont une, et de-là leur rapport en nombres.

On imitera la règle du plus grand commun diviseur en portant la plus petite des deux lignes sur la plus grande autant de fois qu'elle y est contenue ; en portant le reste, s'il y en a un, sur la plus petite autant de fois qu'il y est contenu ;

en portant de la même manière le second reste sur le premier, le troisième sur le second, et ainsi de suite, tant qu'il y a des restes; si enfin l'on arrive à un dernier reste exactement contenu dans le précédent, ce dernier reste sera la mesure commune demandée.

Il peut arriver que, rigoureusement parler, les deux lignes données n'aient point de commune mesure; alors, quelque loin que l'on pousse l'opération, l'on devrait toujours trouver de nouveaux restes; mais ils finiront bientôt par échapper aux sens par leur petitesse, et en s'arrêtant au dernier reste sensible, on sera au moins conduit à un rapport approché entre les deux lignes, qui seront alors dites *incommensurables entre elles.*

Pour exprimer en nombres le rapport de deux lignes dont on aura trouvé, comme ci-dessus, la commune mesure, il n'y aura plus qu'à chercher le nombre de fois que cette commune mesure est contenue dans chacune des deux lignes.

Mais il suffira d'évaluer la fraction continue formée avec les quotiens consécutifs qu'on aura obtenus en cherchant la commune mesure; par exemple, si la plus petite ligne est contenue trois fois dans la plus grande, que le reste soit contenu quatre fois dans la plus petite, le second reste deux fois dans le premier, et le troisième trois fois exactement dans le second, ces quatre quotiens 3, 4, 2, 3, fourniront la fraction continue

$$3 + \cfrac{1}{4 + \cfrac{1}{2 + \cfrac{1}{3}}}$$

qui exprimera le rapport demandé.

Nous renvoyons pour de plus amples explications sur cette matière, aux ouvrages d'Arithmétique et d'Algèbre qui en traitent.

PROPOSITION XXVIII.

THÉORÊME.

fig. 52. *Les parties des deux lignes* AE, BF, *inter-ceptées par des parallèles* AB, CD, EF, *sont proportionnelles, de manière que l'on a* $\frac{AC}{AE} = \frac{BD}{BF}$.

Supposons que AE et AC ont une mesure commune; en la portant sur AE autant de fois qu'elle y est contenue, le point C sera un des points de division; et si par tous les points de division l'on mène de nouvelles parallèles gh, $g'h'$, $g''h''$, etc., elles rencontreront BF en un même nombre de points; et si par tous les points B, h, h', etc., l'on mène Bi, hi', etc., parallèles à AE, l'on formera les triangles Bih, $hi'h'$, etc., qui seront égaux; car ils ont les angles égaux chacun à chacun comme formés par des côtés parallèles * pr. 22 dirigés dans le même sens *; et ils ont de plus un côté égal, savoir, $Bi = hi'$, etc., puisque ces côtés sont respectivement égaux aux parties égales Ag, gg', etc., comme côtés opposés des parallélo- * pr. 23 grammes ABig, $ghi'g'$, etc. *; donc, B$h = hh'$, etc., et la ligne BF sera partagée en un même nombre de parties égales que AE, la ligne AC en un même nombre de parties égales que BD, et il en sera de même de CE et DF; si donc Ag est contenu m fois dans AC et n fois dans AE, la partie Bh sera aussi contenue m fois dans BD et n fois dans BF, et les deux fractions $\frac{AC}{AE}$ et $\frac{BD}{BF}$ seront égales à $\frac{m}{n}$; donc, elles seront égales entre elles.

Supposons maintenant que AE est incommen-surable avec AC, ainsi que BF avec BD, je dis qu'on n'aura pas moins $\frac{AC}{AE} = \frac{BD}{BF}$; car, supposons qu'il y ait une différence entre ces deux fractions, nous prouverons qu'elle est moindre qu'aucune fraction, quelque petite qu'elle soit, de manière qu'on ne pourra attribuer aucune valeur à cette différence, qui, par conséquent, sera nulle dans le fait. Pour prouver, par exemple, que la différence ne vaut pas $\frac{1}{100}$, concevons AE divisée en 100 parties égales, et soit menées des parallèles par tous les points de division ; ces parallèles partageront aussi BF en 100 parties égales, et la ligne CD se trouvera entre deux de ces parallèles consécutives ; par exemple, entre la 46.^{c} et la 47.e ; alors les deux fractions $\frac{AC}{AE}$ et $\frac{BD}{BF}$ tomberont toutes deux entre $\frac{46}{100}$ et $\frac{47}{100}$; elles ne pourront donc pas différer de $\frac{1}{100}$; on prouvera de même qu'elles ne pourront différer d'aucune autre fraction, quelque petite qu'elle puisse être ; donc elles sont égales. On conclura de même que $\frac{CE}{AE} = \frac{DF}{BF}$, et que $\frac{AC}{CE} = \frac{BD}{DF}$.

Corollaire 1. La proposition aura encore lieu lorsque deux lignes AE, AF, qui se coupent en A, sont rencontrées par deux parallèles CD, EF, et l'on aura encore $\frac{AC}{AE} = \frac{AD}{AF}$; de plus, si on mène CG parallèle à AF, on aura aussi $\frac{AC}{AE} = \frac{FG}{EF}$; mais FG=CD ; donc $\frac{AC}{AE} = \frac{CD}{EF}$; donc, *si un triangle AEF est coupé par CD parallélement à sa base EF, les lignes AC, AE ou AD, AF, comprises entre le sommet et chacune des parallèles, ainsi que ces parallèles elles-mêmes, sont proportionnelles.*

Corollaire 2. Réciproquement, la ligne CD qui coupe proportionnellement les côtés AE, AF d'un triangle, est parallèle à la base ; car, par hypothèse, $\frac{AC}{AE}=\frac{AD}{AF}$, et si l'on mène CI parallèle à EF, on aura $\frac{AC}{AE}=\frac{AI}{AF}$; donc, à cause de l'identité de trois termes de ces proportions, on aura $AD=AI$, et les points D et I se confondent en un seul.

fig. 54. *Corollaire* 3. Tant de lignes qu'on voudra AC, AD, menées du sommet d'un triangle à sa base, divisent cette base et sa parallèle en parties proportionnelles, et sont elles-mêmes divisées en parties proportionnelles ; car, 1°. dans le triangle ABC on a $\frac{FG}{BC}=\frac{AG}{AC}$, et dans le triangle ACD on a $\frac{GH}{CD}=\frac{AG}{AC}$; donc, à cause de l'identité des seconds membres de ces deux équations, l'on a $\frac{FG}{BC}=\frac{GH}{CD}$; on prouvera de même que $\frac{GH}{CD}=\frac{HI}{DE}$, 2°. On a aussi, suivant le corollaire précédent, $\frac{AF}{AB}=\frac{AG}{AC}=\frac{AH}{AD}$, etc.

Scholie. Les fractions telles que $\frac{AC}{AE}$, sont ici traitées comme de véritables fractions numériques, et il en est de même de toute fraction qui exprime le rapport de deux quantités de même espèce ; mais une telle fraction ne peut s'exprimer d'une manière rationnelle que lorsqu'il y a une commune mesure entre les deux quantités comparées.

LIVRE II.

LE CERCLE.

1. Le *cercle* est une surface plane dont tous les fig. 55. points du contour sont également éloignés d'un point intérieur appelé *centre*.

Ce contour qui termine le cercle en est la *circonférence*.

On peut imaginer que la ligne AO tourne autour de son extrémité O ; l'autre extrémité A décrit alors la circonférence du cercle, et la ligne entière AO engendre en même tems la surface du cercle ; c'est en effet en exécutant un tel mouvement qu'on parvient à décrire une circonférence.

2. Toute ligne droite OA ou OD menée du centre à la circonférence s'appelle *rayon*. Toute ligne AB terminée de part et d'autre à la circonférence en passant par le centre est un *diamètre*.

Suivant la définition du cercle tous les rayons sont égaux ; tous les diamètres sont égaux et doubles du rayon.

La position du centre et la longueur du rayon déterminent le cercle.

Deux cercles de même rayon sont égaux, puisqu'en posant leurs centres l'un sur l'autre ces deux cercles coincideront.

3. Une partie de circonférence, comme DMB, est appelée *arc*. La droite DB qui en joint les

deux extrémités est une *corde*; elle *soutend* l'arc. La même corde DB soutend aussi l'arc DAB.

4. L'arc et sa corde comprennent entre eux une partie de la surface du cercle; cet espace est appelé *segment de cercle*; la corde divise ainsi le cercle en deux segmens.

5. L'espace renfermé entre l'arc DMB et les deux rayons DO, OB, qui aboutissent à ses deux extrémités, est nommé *secteur*.

fig. 56.   6. L'angle ABC qui a son sommet à la circonférence et qui est formé par deux cordes est un *angle inscrit*. Le triangle ABC qui a tous ses sommets à la circonférence est un *triangle inscrit*; on dit dans le même sens *polygone inscrit*: le cercle est alors *circonscrit* au triangle ou au polygone.

fig. 57.   7. *Sécante* est une ligne qui coupe le cercle: telle est DE; elle diffère de la corde en ce qu'elle est prolongée au-dehors du cercle.

8. La ligne DF qui touche le cercle au seul point F est une *tangente*; deux circonférences qui se touchent en un seul point sont aussi dites *tangentes* l'une à l'autre. Le point commun à la ligne droite et à la circonférence, ou aux deux circonférences qui se touchent, est appelé *point de contact* ou *de tangence*.

fig. 58.   9. Le polygone ABCDE dont tous les côtés sont tangens à la circonférence est *circonscrit* au cercle; le cercle y est *inscrit*.

PROPOSITION PREMIÈRE.

THÉORÊME.

Tout diamètre divise le cercle, ainsi que sa circonférence en deux parties égales.

fig. 55.   En même tems que le rayon AO fait une demi-révolution pour arriver en OB, en même tems l'extrémité A décrira une démi-circonférence , et en même tems aussi le rayon engendrera la moitié de la surface du cercle.

PROPOSITION II.

THÉORÊME.

Le diamètre est la plus grande des cordes qu'on puisse mener dans un cercle.

En menant les rayons OB , OD , aux extrémités de la corde BD , on aura $BD < BO + OD$ ou $< BO + OA$ ou bien $< AB$.

fig. 55

PROPOSITION III.

THÉORÊME.

Une ligne droite ne peut couper la circonférence en plus de deux points.

Du centre on ne peut mener sur la ligne que deux obliques égales au rayon * ; ces deux obliques seules aboutiront à la circonférence.

* pr. 13 liv. 1.

PROPOSITION IV.

THÉORÊME.

Dans le même cercle ou dans deux cercles égaux , deux angles égaux dont le sommet est au centre , intercepteront sur la circonférence deux arcs égaux qui seront soutendus par des cordes égales , et réciproquement , si deux arcs sont égaux , les angles au centre seront égaux , et les cordes seront égales ; et si les cordes sont égales , les arcs soutendus , ainsi que les angles au centre , seront égaux.

1.º En faisant coincider les centres des deux cercles égaux , ces deux cercles coincideront ; et si on le fait de manière que les côtés des deux angles

44 Géométrie.

égaux soient appliqués respectivement l'un sur l'autre, les arcs le seront aussi, ainsi que les cordes.

2.° Si les arcs sont égaux, on pourra appliquer l'une sur l'autre les deux circonférences, en sorte que les arcs égaux qui en font parties coïncident; et les cordes, ainsi que les angles au centre, coïncideront en même tems.

3.° Chaque corde BD et les deux rayons OB, OD, qui aboutissent à ses extrémités forment un triangle; si donc les deux cordes sont égales, comme les rayons sont égaux, les deux triangles auront les trois côtés égaux chacun à chacun; donc * ils seront égaux; donc les angles au centre seront égaux, ainsi que les arcs.

Il faut cependant observer que chaque corde soutend deux arcs différens; si donc de l'égalité des cordes on veut conclure à celle des arcs, il faut que l'on sache d'ailleurs que ces deux arcs sont tous deux moindres ou tous deux plus grands qu'une demi-circonférence.

Scholie. Cette proposition nous servira à résoudre les deux problêmes suivans:

1. *A un point donné* A *d'une ligne* AB *faire un angle égal à un angle donné* C.

Du sommet C de l'angle comme centre, et avec un rayon à volonté, l'on décrira un arc de cercle qui rencontrera les deux côtés de l'angle en D et E; du point A comme centre, et avec un rayon égal au premier, on décrira l'arc indéfini FG; sur cet arc on portera la distance DE de F en I moyennant un autre arc de cercle; en menant AI, l'angle IAB sera l'angle demandé; car par construction les cordes qui soutendent les arcs DE, FI, sont égales, et ces arcs sont d'ailleurs décrits avec des rayons égaux; donc les arcs sont égaux, ainsi que les angles.

2. *Par un point donné C mener une paral-* fig. 60.
lèle à une ligne donnée AB.

D'un point arbitraire D pris sur la ligne AB
comme centre, et avec DC comme rayon, l'on décrira un arc CE qui coupera AB en E; du point
C comme centre et avec le même rayon CD l'on
décrira un arc indéfini DF; sur cet arc on portera
la distance CE de D en I; la ligne CI sera la parallèle demandée; car en concevant menée CD,
les angles CDE, DCI, seront égaux à cause de
l'égalité des cordes CE, DI; or ce sont des angles
alternes-internes * ; donc CI est parallèle à AB. *pr. 10,
liv. 1.

PROPOSITION V.

THÉORÊME.

Dans un même cercle ou dans deux cercles fig. 61.
égaux, deux angles au centre AOC, AOB, *sont
entre eux comme les arcs* AC, AB, *interceptés
entre leurs côtés, de manière qu'on a* $\frac{AOC}{AOB} = \frac{AC}{AB}$.

Si les arcs AB, AC, ont une commune mesure
Ax, on la portera sur AB autant de fois qu'elle y
est contenue; le point C sera un des points de
division, par lesquels on menera les rayons Ox,
Oy, Oz etc.; les angles partiels AOx, xOy etc.
seront égaux comme interceptant des arcs égaux;
si donc l'arc Ax est contenu m fois dans AC et n
fois dans AB, l'angle AOx sera contenu m fois
dans AOC et n fois dans AOB, et les fractions
$\frac{AOC}{AOB}$ et $\frac{AC}{AB}$ seront l'une et l'autre $= \frac{m}{n}$; donc elles
sont égales.

Si les arcs AB, AC, n'ont point de commune
mesure, on prouvera, comme nous avons fait *pr 28,
pour les lignes proportionnelles * , qu'il ne peut y liv. 1.

avoir aucune différence entre $\frac{AOC}{AOB}$ et $\frac{AC}{AB}$, puisqu'il n'y aurait aucune fraction, quelque petite qu'elle soit, qui n'excédât cette différence; en effet, quel que soit le nombre n de parties dans lesquelles on divise l'arc AB, si on mène des rayons à tous les points de division, le rayon OC se trouvera entre deux de ces rayons consécutifs; l'arc AC ne contiendra pas un nombre exact des parties de AB, mais il contiendra un nombre de parties qui sera compris entre un certain nombre m et $m+1$; la fraction $\frac{AC}{AB}$ sera donc entre $\frac{m}{n}$ et $\frac{m+1}{n}$; on se convaincra facilement que la fraction $\frac{AOC}{AOB}$ est entre les deux mêmes limites; si donc, cette dernière fraction différait de $\frac{AC}{AB}$, la différence serait moindre que $\frac{1}{n}$ qui est la différence des deux limites entre lesquelles ces deux fractions se trouvent; or on peut prendre n aussi grand qu'on voudra, ce qui rendra la fraction $\frac{1}{n}$ aussi petite qu'on voudra; on ne peut donc assigner la moindre valeur à la différence supposée des deux fractions; donc elles sont égales.

Scholie. Quoiqu'un angle et un arc de cercle soient deux quantités d'espèces différentes, il n'y a pas moins entre eux une liaison très-intime en ce qu'on peut les considérer comme produits par le même mouvement et par parties égales; et si l'angle est mesuré par la quantité de mouvement que la ligne doit prendre pour passer d'une position à l'autre, rien n'est plus propre que l'arc de cercle à peindre cette quantité de mouvement; et comme d'ailleurs l'arc présente une longueur, ce qui le rend plus à même d'être mesuré, nous pouvons regarder l'arc de cercle comme la mesure de l'angle, et nous dirons que *l'angle a pour mesure l'arc compris entre ses côtés et décrit de son sommet comme centre*, ce qui ne veut pas dire que l'angle a pour mesure la longueur même de l'arc, puisque l'angle n'est pas une longueur, et que d'ailleurs la longueur de l'arc dépend de celle du rayon qui est ici arbitraire ; mais l'angle est mesuré par la quantité de mouvement représentée par l'arc, et l'arc est à la circonférence comme l'angle est à quatre angles droits. Nous remarquerons que le quart de circonférence est la mesure de l'angle droit.

PROPOSITION VI.

THÉORÊME.

L'angle inscrit a pour mesure la moitié de l'arc compris entre ses côtés.

Il peut arriver trois cas selon que le centre se trouve sur un des côtés de l'angle, en dedans ou en dehors de l'angle.

Soit 1.º l'angle inscrit BAC, le centre se fig. 62. trouvant sur le côté AB qui est alors un diamètre ; si on mène le rayon OC, le triangle AOC sera isoscèle, et l'angle extérieur BOC qui est égal à la somme des deux angles intérieurs opposés et égaux OAC, OCA, sera double de chacun d'eux ; mais cet angle au centre BOC a pour mesure l'arc BC compris entre ses côtés ; donc sa moitié BAC aura pour mesure la moitié de ce même arc.

Soit 2.º l'angle inscrit CAD, où le centre se trouve en-dedans ; si l'on mène le diamètre AB, l'angle CAD sera égal à la somme des angles BAC, BAD, qui étant tous deux dans le premier cas, ont pour mesure l'un la moitié de l'arc BC et l'autre la moitié de BD ; donc CAD aura pour mesure $\frac{1}{2}$BC $+ \frac{1}{2}$BD ou $\frac{1}{2}$CD.

Soit 3.º l'angle inscrit DAE, où le centre se trouve dehors ; soit toujours mené le diamètre AB, l'angle DAE sera $=$ BAE$-$BAD ; ces deux derniers angles étant dans le premier cas, ont pour mesure l'un $\frac{1}{2}$BE et l'autre $\frac{1}{2}$BD ; donc l'angle DAE aura pour mesure $\frac{1}{2}$BE $- \frac{1}{2}$BD ou $\frac{1}{2}$DE.

fig. 63. *Corollaire* 1. Tous les angles ACB, ADB, AEB, inscrits dans le même arc sont égaux, puisqu'ils ont tous pour mesure la moitié de l'arc AB compris entre leurs côtés.

fig. 64. *Corollaire* 2. Tout angle MAN inscrit dans une demi-circonférence est droit, puisqu'il a pour mesure la moitié de l'autre demi-circonférence MBN compris entre ses côtés ou le quart de la

fig. 63 circonférence ; tout angle ACB inscrit dans un arc plus grand qu'une demi-circonférence est aigu, puisqu'il a pour mesure la moitié de l'arc AFB plus petit qu'une demi-circonférence ; tout angle AFB inscrit dans un arc plus petit qu'une demi-circonférence est obtus comme ayant pour mesure la moitié de l'arc ACB plus grand qu'une demi-circonférence.

fig. 65. *Corollaire* 3. Tout angle AOB dont le sommet est en dedans du cercle, a pour mesure la moitié de l'arc AB compris entre ses côtés, plus la moitié de l'arc CD compris entre ces mêmes côtés prolongés ; car, en menant BC, l'angle AOB, extérieur au triangle OBC, sera égal à la somme des deux angles intérieurs opposés C et B dont le premier a pour mesure $\frac{1}{2}$AB et le second $\frac{1}{2}$CD ; donc AOB aura pour mesure $\frac{1}{2}$AB $+ \frac{1}{2}$CD.

fig. 66. *Corollaire* 4. Tout angle AOB dont le sommet

est hors du cercle a pour mesure la moitié de la différence des deux arcs AB, CD, compris entre ses côtés ; car, en menant BC, l'angle ACB, extérieur au triangle OBC, sera égal à la somme des angles O et B ; donc l'angle O = ACB—B, et aura pour mesure $\frac{1}{2}$ AB — $\frac{1}{2}$ CD.

PROPOSITION VII.

THÉORÊME.

Dans un même cercle ou dans deux cercles égaux, de deux arcs tous deux moindres qu'une demi-circonférence, le plus grand est soutendu par une plus grande corde, et réciproquement, la plus grande corde soutend le plus grand arc.

Soit 1.° l'arc BC>AB ; en joignant AC, l'angle inscrit BAC aura une plus grande mesure que ACB ; donc *, dans le triangle ABC, le côté BC, opposé à l'angle A, sera plus grand que AB, opposé à l'angle C ; donc un plus grand arc est soutendu par une plus grande corde.

fig. 56.
* pr. 12,
liv. 1.

Soit, 2.° la corde BC>AB ; l'angle A opposé à la première sera plus grand que l'angle C opposé à la seconde ; donc l'arc BC dont la moitié sert de mesure à l'angle A, sera plus grand que l'arc AB, dont la moitié sert de mesure à l'angle C ; donc une plus grande corde soutend un plus grand arc.

Mais il faut que chacun de ces arcs soit moindre qu'une demi-circonférence, pour que sa moitié puisse servir de mesure à l'angle opposé à sa corde ; l'arc BAC, plus grand qu'une demi-circonférence, enveloppe l'angle A et ne le mesure pas ; au contraire, plus l'arc enveloppant est grand, plus l'angle inscrit est petit ; la proposition contraire aurait donc lieu si les deux arcs

4

étaient tous deux plus grands qu'une demi-circonférence.

Scholie. Par le moyen des cordes on pourra trouver la commune mesure de deux angles ; on décrira dans ces deux angles deux arcs de cercle avec un rayon égal ; on portera la corde qui soutend le plus petit, autant de fois qu'on pourra, dans le plus grand ; s'il reste une partie de cet arc, on portera sa corde dans le plus petit autant de fois que cela se pourra, et l'on continuera suivant le procédé du plus grand commun diviseur, comme nous avons expliqué pour trouver la commune mesure de deux lignes *, et l'on arrivera à une commune mesure exacte ou approchée, selon que les angles sont commensurables ou non ; on en déduira ensuite leur rapport en nombres.

* pr.27 liv. 1.

PROPOSITION VIII.

THÉORÊME.

Le centre, le milieu d'une corde et le milieu de l'arc qu'elle soutend, sont sur une même ligne droite perpendiculaire à la corde.

fig. 67.

La perpendiculaire OD, élevée sur le milieu de la corde AB, doit réunir tous les points également distans de A et de B * ; elle doit donc passer par le centre qui est un de ces points ; le point D se trouvant également sur cette ligne, les cordes AD, BD, seront égales, et par conséquent aussi les arcs AD, BD ; donc le point D est le milieu de l'arc AB.

* pr. 14, liv. 1.

Scholie. Dès qu'une ligne passe par deux de ces trois points, elle passera par le troisième et sera perpendiculaire à la corde, et dès que d'un de ces points on mène une perpendiculaire à la corde, elle passera par les deux autres points, parce que deux de ces quatre conditions suffisent toujours pour déterminer la position de la ligne qui remplira en même tems les deux autres conditions.

PROPOSITION IX.

PROBLÉME.

Mener une perpendiculaire sur une ligne par son milieu ou par un point donné.

1.° S'il faut élever une perpendiculaire sur le milieu de la ligne AB, on prendra les extrémités A et B alternativement comme centres, et avec un rayon égal et suffisamment grand on décrira deux arcs de cercle qui se couperont en un point C ; on fera une opération semblable avec un autre rayon pour avoir le point d'intersection D, ou si on peut construire au-dessous de AB, on pourra se servir du même rayon pour avoir le point E, et joignant CD ou CE par une droite, on a la perpendiculaire demandée ; car elle réunit deux points également distans des deux extrémités A et B.

fig. 68.

Ce procédé servira aussi à diviser AB en deux parties égales.

2.° S'il s'agit de mener une perpendiculaire sur la ligne AB par un point C situé soit sur la ligne ou hors de la ligne, on prendra du point donné C deux distances égales CD, CE, à deux points de la ligne ; de ces deux points D et E comme centres on décrira, avec un rayon égal, deux arcs qui se couperont en F, et l'on joindra CF qui sera la perpendiculaire demandée.

fig. 69
et 70.

Si le point A par lequel on veut élever une perpendiculaire sur AB, se trouve à l'extrémité de cette ligne qu'on ne puisse pas prolonger, d'un point arbitraire O comme centre et avec OA

fig. 71.

comme rayon, l'on menera un arc de cercle qui coupera AB en un point C, et l'on continuera cet arc du côté où la perpendiculaire doit passer ; on joindra CO qu'on prolongera jusqu'à la rencontre de l'arc en D, et la ligne AD sera la perpendiculaire demandée ; car COD est un diamètre, et l'arc CAD une demi-conférence, et comme le point A est un point de cette circonférence, l'angle CAD, inscrit dans la demi-circonférence, sera droit. *

^{* cor. 2. pr. 6.} De même, si d'un point D situé hors de la ligne AB et vers son extrémité, on veut abaisser une perpendiculaire sur AB, on menera une ligne quelconque DC jusqu'à la rencontre de AB en C, et l'on cherchera le milieu de CD par le procédé indiqué ci-dessus ; de ce milieu O comme centre, et avec OC comme rayon, l'on décrira un arc de cercle qui coupera AB au point A qui sera le pied de la perpendiculaire demandée.

Scholie. On pourra de même diviser un angle donné en deux parties égales ; car, en décrivant un arc de cercle du sommet comme centre, il ne s'agira que d'abaisser une perpendiculaire du sommet sur le milieu de la corde qui soutend cet arc.

PROPOSITION X.
PROBLÊME.

Faire passer une circonférence par trois points donnés A, B, C, non en ligne droite.

fig 72. Soient menées les droites AB, BC ; le centre du cercle cherché devant être également éloigné des points A et B, il doit se trouver sur la perpendiculaire élevée sur le milieu de AB ; menons donc cette perpendiculaire FH ; mais ce centre doit aussi se trouver sur GI, que nous menerons perpendiculairement sur le milieu de BC : les deux

lignes FH, GI, se rencontreront; car en menant
FG, l'angle GFH sera moindre que l'angle droit
BFH; de même l'angle FGH sera moindre que
l'angle droit BGH; donc les deux lignes FH, GI,
feront avec FG deux angles dont la somme
est moindre que deux angles droits, et par
conséquent elles se rencontreront; le point de
rencontre O sera le centre duquel avec OA,
comme rayon, l'on décrira la circonférence demandée qui passera par A, B et C, puisque les
distances OA, OB, OC, sont égales; et comme
il n'y a qu'un seul point de rencontre des lignes
FH, GI, il n'y aura qu'une seule manière de
résoudre le problême.

Si les trois points donnés étaient en ligne
droite, les deux perpendiculaires seraient parallèles et le problême serait impossible.

Corolaire 1. Deux circonférences ne peuvent
se couper en plus de deux points, puisqu'il n'y
a qu'une seule circonférence qui puisse passer par
trois points donnés.

Corollaire 2. Les trois perpendiculaires élevées
sur les milieux des côtés d'un triangle concourent
en un même point qui est le centre du cercle
circonscrit.

Scholie 1. Cette solution servira aussi à trouver
le centre d'un arc donné ; on prendra sur cet arc
trois points à volonté sur lesquels on fera la même
construction que ci-dessus.

Scholie 2. On peut ainsi toujours circonscrire
un cercle à un triangle donné, ce qu'on ne peut
pas toujours faire à une figure de plus de trois côtés.
Lorsqu'un quadrilatère ABCD est inscrit dans un *fig. 72.*
cercle, la somme des deux angles opposés A et C
est égale à deux angles droits; car l'angle A a
pour mesure $\frac{1}{2}$BCD *, et l'angle C a pour mesure * *p. 6.*

$\frac{1}{2}$BAD ; donc A+C a pour mesure $\frac{1}{2}$BCD +$\frac{1}{2}$BAD ou la moitié de la circonférence, ce qui est la mesure de deux angles droits ; il en est de même de B+D. Réciproquement, si dans un quadrilatère ABCD la somme des deux angles opposés A+C = deux angles droits, le quadrilatère est inscriptible ; car si par les trois points B, C, D, on fait passer une circonférence, l'angle C aura pour mesure $\frac{1}{2}$BAD ; mais par hypothèse A+C a pour mesure une demi-circonférence ; en retranchant il restera $\frac{1}{2}$BCD pour la mesure de l'angle A ; il faut donc que le point A soit aussi sur la circonférence ; car s'il était dans le cercle, l'angle A aurait une mesure plus grande *, et s'il était dehors, l'angle A aurait une mesure plus petite * ; donc le quadrilatère sera inscrit.

* cor. 3, pr. 6.
* cor. 4, id.

PROPOSITION XI.

THÉORÈME.

fig. 74.

La perpendiculaire BT élevée à l'extrémité A du rayon OA est tangente au cercle, et réciproquement, toute tangente BT, est perpendiculaire au rayon qui passe par le point de contact.

Toute oblique OE menée du centre sur BT est plus longue que la perpendiculaire OA ou son égal AI ; donc l'extrémité E de cette oblique est hors du cercle ; la ligne BT n'a donc de commun avec le cercle que le seul point A où elle le touche.

Réciproquement, si BT touche le cercle en A, le rayon OA sera la plus courte ligne qu'on puisse mener du centre sur BT ; puisque toute autre ligne OE passe hors du cercle; donc OA est perpendiculaire sur BT.

Corollaire 1. Par un point de la circonférence on ne peut mener qu'une seule tangente au cercle, et cette proposition donne le moyen de l'effectuer.

Corollaire 2. Tout cercle qui touche une ligne en un point, a son centre sur la perpendiculaire élevée en ce point sur la ligne.

PROPOSITION XII.

THÉORÊME.

Tout angle formé par une tangente et une corde a pour mesure la moitié de l'arc compris entre ses côtés.

Le centre peut se trouver sur la corde, en dedans ou en dehors de l'angle.

Dans le premier cas la corde sera un diamètre, et l'angle BAC, formé par la tangente et le diamètre, sera droit suivant la proposition précédente ; il a donc pour mesure la moitié de la demi-circonférence ADC comprise entre ses côtés.

fig. 74.

Dans le second cas, où le centre se trouve en dedans de l'angle TAD formé par une tangente et une corde, on menera le diamètre AC ; l'angle TAD sera égal à la somme des angles TAC, CAD, dont le premier comme droit a pour mesure $\frac{1}{2}$ AIC, et le second comme inscrit a pour mesure $\frac{1}{2}$ CD ; donc TAD aura pour mesure $\frac{1}{2}$ AIC $+ \frac{1}{2}$ CD ou la moitié de l'arc ACD compris entre ses côtés.

Quant à l'angle BAD où le centre se trouve en dehors, en menant toujours le diamètre AC, l'angle BAD sera égal à la différence des angles

BAC, CAD, et aura pour mesure $\frac{1}{2}$ADC—$\frac{1}{2}$CD, ou la moitié de l'arc AD compris entre ses côtés.

PROPOSITION XIII.

PROBLÊME.

fig. 75.

Par les deux extrémités de la ligne donnée AB, faire passer au-dessus de cette ligne un arc de cercle, tel que tous les angles qui y sont inscrits soient égaux à un angle donné, ce qu'on appelle un segment capable de l'angle donné.

Au-dessous de AB on fera l'angle ABF égal à l'angle donné, et au point B on élevera sur BF la perpendiculaire indéfinie BG qui tombera au-dessus de AB si l'angle donné est aigu, et au-dessous s'il est obtus; sur le milieu de AB on élevera la perpendiculaire IK; le point O où IK et BG se rencontreront, sera le centre duquel avec OA =OB, comme rayon, l'on décrira au-dessus de AB l'arc demandé; car BF, perpendiculaire à l'extrémité du rayon, sera tangente, et l'angle ABF, formé par une tangente et une corde, aura pour mesure la moitié de l'arc inférieur AB, ce qui est aussi la mesure de l'angle inscrit dans l'arc supérieur; or ABF est par construction égal à l'angle donné; donc tout angle inscrit dans l'arc supérieur le sera aussi.

En suivant la même construction lorsque l'angle donné est droit, BG se confondra avec AB, et le point I, milieu de AB, sera le centre, c'est-à-dire, que pour décrire sur une ligne donnée un segment capable de l'angle droit, il faut décrire une demi-circonférence sur cette ligne comme diamètre; en effet, tout angle inscrit dans la demi-circonférence est droit.

PROPOSITION XIV.

THÉORÊME.

Deux arcs interceptés de part et d'autre de la circonférence par deux parallèles sont égaux.

Du centre j'abaisse une perpendiculaire com- fig. 76. mune aux deux parallèles.

Si ce sont les deux sécantes MN, PQ, le point A où le rayon perpendiculaire coupe la circonférence, sera à-la-fois le milieu de l'arc CAD et de l'arc EAF, et si de AE=AF on retranche terme à terme AC=AD, il restera CE=DF.

Si c'est la tangente ST et sa parallèle MN, le rayon perpendiculaire passera par le point de contact A, et l'on aura AC=AD.

Si les deux parallèles sont les tangentes ST, KL, la perpendiculaire passera par les deux points de contact A et B, et sera un diamètre, et l'on aura ACB=ADB.

PROPOSITION XV.

THÉORÊME.

Si la distance des centres de deux circonfé-rences est plus courte que la somme de leurs rayons et en même temps plus longue que la différence de ces mêmes rayons, ces deux cir-conférences se couperont en deux points; si une de ces deux circonstances n'a pas lieu, elles ne se couperont pas.

Soient A et B les deux centres; du point B fig. 77. comme centre, et avec le plus petit des deux rayons soit décrite une circonférence qui rencontrera en C et D la ligne AB prolongée ; si maintenant du point A comme centre, et avec un rayon AI plus grand que AD et moindre que AC on décrit la seconde circonférence qui rencontre en I et G la même ligne AB prolongée, le point I situé entre C et D, sera en dedans de la première circonférence, et le point G sera dehors ; la seconde circonférence, située partie en dedans et partie en dehors de la première, doit donc la couper au-dessus et au-dessous de la ligne AB aux points E et F. Il y aura donc toujours intersection si $AI > AD$ et en même tems $AI < AC$; mais $AD = AB - BD$ et $AC = AB + BC$, ce qui change ces deux conditions en $AI > AB - BD$, et $AI < AB + BC$, ou en transposant $AB < AI + BD$, et $AB > AI - BC$, c'est-à-dire, que l'intersection aura lieu lorsque la distance des centres est moindre que la somme des rayons et plus grande que leur différence.

Il peut arriver que le plus petit rayon excède déjà AB, ce qui remplira la première condition, et l'on prouvera de même que si la seconde a aussi lieu, il y a intersection.

En second lieu, s'il y a intersection, l'on pourra construire sur les deux rayons et la distance des centres le triangle AEB ou AFB dont le côté AB sera plus petit que la somme des deux autres et plus grand que leur différence *; donc si une de ces deux circonstances n'avait pas lieu, il n'y aurait point d'intersection.

* pr. 18,
liv. 1.

PROPOSITION XVI.

THÉORÈME.

Si la distance des centres de deux cercles est égale à la somme des deux rayons, les cercles se toucheront *extérieurement; si cette distance est égale à la différence des deux rayons, les cercles se toucheront intérieurement.*

Si dans la figure précédente, au lieu d'avoir un second rayon plus grand que AD et moindre que AC, ce second rayon était AD ou AC, il n'y aurait plus d'intersection; mais dans le premier cas la distance AB sera égale à la somme des rayons AD, BD, le point D sera commun aux deux circonférences qui s'y toucheront extérieurement; dans le second cas AB sera égal à la différence des rayons AC, BC, et les deux circonférences auront le point C de commun où elles se toucheront intérieurement, la petite étant enveloppée par la grande.

Corollaire 1. Lorsque deux circonférences se touchent soit intérieurement soit extérieurement, le point de contact se trouve sur la ligne qui joint les deux centres; et réciproquement, tous les cercles qui ont leurs centres B, C, D sur une même droite et qui passent par un point A de cette droite, se touchent mutuellement en ce point, et la perpendiculaire EF, élevée en ce point sur la ligne, est leur tangente commune.

Corollaire 2. Pour décrire un cercle qui en touche un autre en un point donné, il faut prendre pour centre un point quelconque du rayon qui passe par le point de contact donné ou du prolongement de ce même rayon.

PROPOSITION XVII.

THÉORÈME.

Lorsque deux cercles se coupent, la ligne AB qui joint les deux centres est perpendiculaire sur le milieu de la ligne EF qui joint les deux points d'intersection.

La ligne EF est une corde commune aux deux cercles, et la perpendiculaire élevée sur le milieu de cette corde doit passer par les deux centres *, et ces deux points suffisent pour déterminer la position de cette perpendiculaire.

*pr. 8.

PROPOSITION XVIII.

PROBLÊME.

Mener une tangente à une circonférence EDF par un point extérieur donné A.

fig. 79.

On joindra le centre O au point A par une droite ; la tangente cherchée devant faire un angle droit avec le rayon qui passe par le point de contact inconnu *, ce point de contact se trouvera sur un segment *capable* d'un angle droit décrit sur AO * ; or ce segment est un demi-cercle ; donc sur AO comme diamètre, et de son milieu C comme centre, on décrira une circonférence qui coupera la circonférence donnée aux deux points E et F dont chacun pourra servir de point de contact, et la tangente demandée sera AE ou AF ; en effet, en menant le rayon OE ou OF, l'angle AEO ou AFO, inscrit dans une demi-circonférence, sera droit.

*pr. 11

*pr. 13

Scholie. Les deux triangles AOE, AOF, rectangles en E et F sont égaux comme ayant l'hypoténuse AO commune et le côté OE=OF * ; donc les deux tangentes AE, AF, menées à un cercle par un point extérieur sont égales ; de plus, la ligne AO qui joint le centre au point de concours de deux tangentes, fait avec ces deux tangentes deux angles égaux OAE, OAF.

*cor.,
pr. 15,
liv. 1.

Il suit de-là que tout cercle qui touche à-la-fois deux lignes données AE, AF, a son centre en quelque point de la ligne AO qui divise en deux parties égales l'angle EAF formé par ces deux lignes.

PROPOSITION XIX.

PROBLÊME.

Inscrire un cercle dans un triangle donné fig. 8e. ABC.

Les côtés AB, AC, devant toucher le cercle, le centre se trouvera, suivant le scholie précédent, sur quelque point de la ligne AO qui divise l'angle BAC en deux parties égales; par la même raison il doit se trouver sur la ligne BO qui divise l'angle ABC en deux parties égales; donc en divisant ces deux angles A et B chacun en deux parties égales, le point de rencontre O sera le centre cherché, et le rayon sera une des perpendiculaires abaissées de ce point sur les côtés du triangle; en effet, ces perpendiculaires sont égales; car les triangles AOE, AOD sont égaux comme ayant deux angles égaux chacun à chacun et un côté égal; donc $OD = OE$; de même, de l'égalité des triangles BOD, BOF, il résulte que $OD = OF$; donc la circonférence passera par les trois points D, E, F, et y touchera les côtés du triangle.

Scholie. Si l'on mène OC, les triangles rectangles EOC, COF auront $OE = OF$, et l'hypoténuse commune; donc ils sont égaux; donc l'angle ACB est aussi divisée en deux parties égales, et les trois lignes qui divisent chacun des angles d'un triangle en deux parties égales, concourent en un même point. Il suit de-là que le problême ne peut se résoudre que d'une seule manière; car quelque soient les deux angles que l'on divise, on est toujours conduit au même point O.

Seconde manière de résoudre le problème.

fig. 81. En supposant le cercle inscrit on aura $BD = BF$, $CE = CF$, $AD = AE$; donc $AB - AE = BD$ et $BC - CE = BF$, et en ajoutant, il viendra $AB + BC - AE - CE$ ou $AB + BC - AC = BD + BF$ ou $2BF$; si donc du point B comme centre, et avec BA comme rayon, l'on décrit un arc qui coupe BC en un point G, et que du point C comme centre, et avec CA comme rayon, l'on décrive un arc qui coupe BC en un point H, on aura $GH = AB + AC - BC$, et prenant GF, moitié de GH, le point F sera un point de contact ; car

$$BF = BG - GF = AB - \frac{AB + AC - BC}{2} = \frac{AB + BC - AC}{2},$$

ce qui s'accorde avec la valeur ci-dessus de BF ; portant BF de B en D et AD de A en E, on a les trois points de contact desquels on élevera aux côtés respectifs des perpendiculaires qui par leur rencontre détermineront le centre.

PROPOSITION XX.

PROBLÊME.

Décrire un triangle dont on connaît trois choses parmi lesquelles il doit y avoir au moins un côté.

fig. 82. 1.° Si les trois côtés sont donnés, on fera une ligne AB égale à un de ces côtés ; du point A comme centre avec un second côté comme rayon l'on décrira un arc de cercle, du point B comme centre avec le troisième côté comme rayon l'on décrira un autre arc, par l'intersection C de ces arcs on menera AC, BC, et le triangle sera décrit. Il y aura un second point d'intersection au-dessous de AB ; mais le triangle formé par cet autre point ne différera pas du premier.

Il faut pour que le triangle soit possible que

AB soit plus petit que la somme et plus grand que la différence de AC et BC ; mais alors il est toujours possible *.   * pr. 15

2.° Si deux angles et un côté sont donnés, si le côté doit être adjacent aux deux angles, on menera ce côté AB aux extrémités duquel on fera deux angles égaux chacun à chacun aux deux angles donnés ; les côtés AC, BC, se couperont en un point C, et le triangle sera décrit.

Si le côté doit être opposé à l'un des deux   fig. 83. angles, après avoir mené AB égal au côté donné, on fera l'angle BAC égal à l'angle adjacent donné, et faisant l'angle CAD égal à l'autre angle donné, on menera BC parallèle à AD ; alors l'angle ACB, égal à CAD comme alterne-interne, sera égal au second angle donné.

3.° Soient donnés deux côtés et un angle ; si l'angle doit être compris entre les deux côtés donnés, on formera un angle égal à l'angle donné sur les côtés duquel on prendra deux parties égales chacune à chacune aux deux côtés donnés, et l'on fermera le triangle.

Si un des côtés doit être opposé à l'angle donné,   fig. 84. on menera AB égal au côté adjacent à l'angle, et l'on fera l'angle BAC égal à l'angle donné ; du point B comme centre, et avec un rayon égal au côté opposé à l'angle A, on menera un arc qui coupera AC en deux points C et C', et joignant BC ou BC', chacun des deux triangles ABC, ABC', résoudra le problême.

Mais il n'y aura deux solutions que lorsque le côté opposé est plus petit que le côté adjacent ; dans le cas contraire, un des points d'intersection sera hors de l'angle A, et il n'y aura qu'une seule solution *. Le problème sera impossible si le côté   * pr. 15, liv. 1.

opposé est plus petit que la perpendiculaire abaissée du point B sur AC.)

NOTA. Cette circonstance où un problême peut avoir deux solutions, et où quelquefois il n'en a aucune, arrive en Algèbre aux équations du second degré ; nous verrons en Trigonométrie qu'effectivement ce problême dépend d'une telle équation.

PROPOSITION XXI.

PROBLÊME.

Décrire un parallélogramme dont on connaît les deux côtés adjacens et l'angle qu'ils comprennent.

fig. 85. Après avoir fait l'angle A égal à l'angle donné, on en fera les deux côtés AB, AC, respectivement égaux aux deux côtés donnés ; du point B comme centre avec un rayon égal à AC on décrira un arc ; du point C comme centre avec un rayon égal à AB on décrira un autre arc qui coupera le premier en un point D, et l'on menera BD et CD ; la figure ABCD sera le parallélogramme demandé, puisque par construction les côtés opposés sont égaux deux à deux *.

* pr. 24 liv. 1.

PROPOSITION XXII.

PROBLÊME.

Diviser une ligne dans la même proportion qu'une autre est divisée ou en un nombre donné de parties égales.

fig. 54. 1.° Soit BE la ligne déjà divisée ; on lui menera la parallèle FI égale à la ligne à diviser, et joignant BF et EI jusqu'à leur rencontre en A, on menera AC, AD aux points de division, et

la ligne FI se trouvera divisée dans la même
proportion que BE *.

Pour éviter l'embarras de la construction des
parallèles, on construira sur la ligne déjà divisée
BE un triangle équilatéral ABE, et portant la
ligne à diviser. de A en F et en I, on menera
FI qui sera aussi égale à cette ligne, et la construction s'achève comme ci-dessus.

2.° Si c'est en un nombre donné de parties
égales qu'on veuille diviser FI, on prendra sur
une ligne indéfinie BE une partie arbitraire qu'on
portera de B en E autant de fois qu'on veut avoir
de parties égales, et l'on terminera cette ligne au
dernier point de division E, ensuite on achevera
la construction comme dans le premier cas.

* cor. 3,
pr. 28 ;
liv. 1.

LIVRE III.

LES SURFACES ET LA SIMILITUDE DES FIGURES.

DÉFINITIONS.

1. On distingue dans les figures en général la forme et la quantité superficielle qu'elles renferment. Cette dernière est appelée la *surface* ou mieux l'*aire* de la figure.

2. Deux figures peuvent, sous deux formes différentes, renfermer une égale quantité superficielle ; nous les appellerons, avec M^r. *Legendre*, figures *équivalentes*.

3. Deux figures peuvent, au contraire, différer de quantité et se ressembler par la forme ; ce qui arrive lorsqu'elles ne diffèrent entre elles que par la longueur *absolue* des lignes respectives qui y entrent : on les appelle figures *semblables*. Il est évident par cette définition que toutes les lignes droites, que tous les cercles sont semblables ; mais pour que deux polygones soient semblables, il faut que les angles placés dans le même ordre, et qu'on appelle angles *homologues*, soient égaux chacun à chacun, et que de plus il y ait le même rapport entre les côtés respectivement placés dans le même ordre entre les angles égaux, et qu'on appelle côtés *homologues ;* car ce rapport forme une longueur *relative*, indépendante de la longueur *absolue*.

4. Deux arcs de cercle sont *semblables* lorsqu'ils ont le même rapport avec leurs circonférences respectives, ce qui arrive lorsqu'ils répondent à des angles au centre égaux, puisqu'alors chacun de ces arcs est à sa circonférence comme le même angle est à quatre angles droits. * Dans le même cas, les segmens, les secteurs correspondans sont semblables.

*schol. pr. 5, liv. 2.

5. On appelle *hauteur* d'un parallélogramme ou d'un trapèze la perpendiculaire qui mesure la distance des deux côtés parallèles opposés qu'on nomme *bases*.

6. La *hauteur* d'un triangle est la perpendiculaire abaissée du sommet d'un angle sur le côté opposé considéré comme *base* ou sur son prolongement.

7. La base et la hauteur d'un parallélogramme en sont les deux *dimensions*.

PROPOSITION PREMIÈRE.

THÉORÈME.

En prenant pour unité de surface le quarré fait sur une ligne prise pour unité de longueur, l'aire d'un rectangle vaudra le produit des nombres qui expriment ses deux dimensions.

La chose est évidente lorsque l'unité linéaire est contenue exactement dans la base et dans la hauteur ; par exemple, si AB contient cinq unités et AD trois, en divisant l'une et l'autre en unités, et menant des parallèles dans les deux sens par tous les points de division, le rectangle ABCD sera divisé en trois bandes, dont chacune renfermera cinq quarrés faits sur l'unité linéaire, ce qui fait quinze de ces quarrés, lequel nombre est le produit des deux dimensions.

fig. 86.

Il en sera de même si la base et la hauteur peuvent s'exprimer en fractions rationnelles de l'unité ; si, par exemple, la base est $\frac{5}{3}$ et la hauteur $\frac{7}{4}$, en divisant la base en cinq parties égales et la hauteur en sept, et menant des parallèles comme ci-dessus, le rectangle sera divisé en trente-cinq rectangles partiels, dont chacun aura $\frac{1}{3}$ de base et $\frac{1}{4}$ de hauteur ; mais en divisant en trois parties égales la base du quarré fait sur l'unité et la hauteur en quatre, ce quarré pourra être divisé en douze rectangles partiels de même dimension que les premiers ; donc, les trente-cinq rectangles partiels dont le rectangle donné est composé, formeront $\frac{35}{12}$ du quarré fait sur l'unité, ce qui est le produit de $\frac{5}{3}$ par $\frac{7}{4}$.

Je dis maintenant que quand même la base et la hauteur seraient incommensurables avec l'unité, le rectangle vaudra encore le produit de ses deux dimensions ; d'abord le rectangle EFGH qui a pour hauteur l'unité, sera exprimé par le même nombre que la base ; car, supposons l'unité linéaire divisée en un certain nombre n de parties et ces parties portées sur la base de E vers F ; si F n'est pas un point de division, il se trouvera entre deux points de division consécutifs I et I', et si EI renferme un nombre m de parties, EI' renfermera $m+1$ parties, et EF se trouvera entre les deux limites $\frac{m}{n}$ et $\frac{m+1}{n}$; les deux rectangles EIiH et EI'i'H entre lesquels EFGH est placé, vaudront aussi $\frac{m}{n}$ et $\frac{m+1}{n}$, et la valeur du rectangle EFGH se trouvera entre les deux mêmes limites où se trouve la base EF ; si donc le rectangle et sa base n'étaient pas exprimés par le même nombre, la différence serait moindre que $\frac{1}{n}$, dont diffèrent les deux limites; mais on peut prendre le nombre n aussi grand qu'on voudra, ce qui rendra la fraction $\frac{1}{n}$ de tel degré de petitesse qu'on voudra; la différence prétendue entre les nombres qui expriment EFGH et sa base EF ne saurait donc avoir lieu, puisqu'on ne pourrait lui assigner aucune valeur qui ne fût trop grande; donc, le rectangle qui a l'unité pour hauteur est exprimé par le même nombre que la base.

Si maintenant la hauteur, au lieu d'être égale à l'unité, était une fraction quelconque de l'unité, on se convaincrait facilement par la division du rectangle en bandes parallèles, qu'un tel rectangle vaudra la base multipliée par la même fraction qui exprime la hauteur; et si la hauteur est incommensurable avec l'unité, on se servira d'un raisonnement semblable que ci-dessus, pour prouver qu'il ne peut y avoir la moindre différence entre le nombre qui exprime l'aire du rectangle et le produit des nombres qui expriment les deux dimensions.

Scholie. Nous avons supposé prendre pour unité de surface le quarré fait sur une ligne prise pour unité de longueur; mais cette unité de longueur est purement arbitraire, et en changeant de mesure, les nombres qui expriment l'aire du rectangle et le produit de ses deux dimensions changeront tous deux sans cesser d'être égaux. Pour rendre l'énoncé de la proposition indépendant d'aucune mesure arbitraire, on l'exprime ainsi : *l'aire du rectangle a pour mesure le produit de ses deux dimensions ;* il est sous-entendu que quelle que soit l'unité de longueur, pourvu qu'on prenne pour unité de surface le quarré fait sur cette même longueur, l'aire du rectangle sera exprimée par le produit de ses deux dimensions.

Les noms de *rectangle* et de *quarré* ont passé en arithmétique; le premier, pour désigner le produit de deux facteurs, et le second, pour indiquer la seconde puissance d'un nombre.

PROPOSITION II.

THÉORÊME.

L'aire d'un parallélogramme a pour mesure le produit de ses deux dimensions.

En attribuant à cet énoncé le même sens que dans le scholie précédent, il suffira de prouver que le parallélogramme est équivalent au rectangle de même base et de même hauteur. Soit donc le parallélogramme ABCD, et menons les perpendiculaires AF, BE sur CD prolongé; le rectangle ABEF aura même base et même hauteur que le parallélogramme; mais les triangles ADF, BCE ont les angles égaux chacun à chacun à cause des parallèles; ils ont de plus AD=BC, et AF=BE, comme côtés opposés des parallélogrammes, ce qui est plus que suffisant pour constater l'égalité de ces deux triangles; or, le trapèze ABCF se compose du parallélogramme ABCD, plus le triangle ADF, comme aussi du rectangle ABEF plus le triangle BCE; donc ABCD+ADF=ABEF+BCE; retranchant d'une part ADF, et de l'autre son égal BCE, il restera ABCD=ABEF.

Corollaire. Les parallélogrammes de même base sont entre eux comme leurs hauteurs, et ceux de même hauteur sont entre eux comme leurs bases.

PROPOSITION III.

THÉORÊME.

L'aire d'un triangle a pour mesure la moitié du produit de sa base par sa hauteur.

Car les deux triangles ABC, ACD, qui com- fig. 17.
posent le parallélogramme, sont égaux.

Corollaire. Deux triangles de même base sont entre eux comme leurs hauteurs, et ceux de même hauteur sont entre eux comme leurs bases.

PROPOSITION IV.

THÉORÊME.

L'aire d'un trapèze ABCD a pour mesure sa fig. 80.
hauteur multipliée par la demi-somme des bases parallèles AB, CD.

En menant la diagonale BD, le trapèze sera partagé en deux triangles ABD, BCD; ces triangles ont même hauteur que le trapèze; le premier a pour mesure cette hauteur multipliée par $\frac{1}{2}$ AB, et le second cette même hauteur par $\frac{1}{2}$ CD; en ajoutant, l'aire du trapèze sera égale à cette même hauteur multipliée par $\frac{1}{2}$ (AB+CD).

Scholie. Si par le milieu F du côté AD on mène FE parallèle aux bases, on aura * *pr. 28,
$\frac{CE}{CB}=\frac{DF}{AD}=\frac{1}{2}$; donc le point E sera aussi le milieu   liv. 1.
de BC. On a de même * $\frac{FI}{AB}=\frac{DF}{AD}=\frac{1}{2}$, et $\frac{IE}{CD}=\frac{CE}{CB}=\frac{1}{2}$; *cor. 1,
donc EF=FI+EI=$\frac{1}{2}$AB+$\frac{1}{2}$CD; l'aire du tra- Ibid.
pèze est donc aussi égale à sa hauteur multipliée par la ligne EF qui joint les milieux des côtés non parallèles.

PROPOSITION V.

THÉORÊME.

Deux triangles sont semblables lorsqu'ils ont

les angles égaux chacun à chacun ou lorsqu'ils ont les côtés proportionnels.

Suivant la définition, la similitude a lieu dans deux polygones quelconques, lorsqu'ils réunissent les deux conditions énoncées dans notre théorême; mais dans les triangles une seule de ces conditions suffit, parce qu'elle entraîne toujours l'autre.

fig. 90. 1°. Soient les deux triangles ABC, DEF, dans lesquels l'angle $A=D$, $B=E$ et $C=F$, je dis que les côtés homologues seront proportionnels.

Prenons sur AB une partie $AG=DE$, et sur AC une partie $AH=DF$, et menons GH; les triangles AGH, DEF, seront égaux comme ayant un angle égal compris entre côtés égaux chacun à chacun; donc l'angle $AGH=E$, et par conséquent aussi $=B$; donc GH sera parallèle à BC, et l'on aura * $\frac{AG}{AB}=\frac{AH}{AC}=\frac{GH}{BC}$, ou, ce qui est la même chose $\frac{DE}{AB}=\frac{DF}{AC}=\frac{EF}{BC}$; donc les deux triangles ont aussi les côtés homologues proportionnels et sont semblables.

* pr. 28, liv. 1.

Soit, 2.° $\frac{DE}{AB}=\frac{DF}{AC}=\frac{EF}{BC}$, je dis que les angles homologues seront égaux. En faisant toujours $AG=DE$, et $AH=DF$, on aura $\frac{AG}{AB}=\frac{AH}{AC}$; donc GH sera parallèle à BC, et l'on aura aussi $\frac{GH}{BC}=\frac{AG}{AB}$; cette proportion a trois termes égaux avec celle $\frac{EF}{BC}=\frac{DE}{AB}$, puisque par construction $AG=DE$, d'où il suit que $GH=EF$, et les deux triangles AGH, DEF seront égaux comme ayant les trois côtés égaux chacun à chacun; mais le triangle AGH est équiangle avec ABC à cause des parallèles; donc le triangle DEF sera aussi équiangle à ABC, et par conséquent lui sera semblable.

Corollaire. Il suffit que deux triangles aient deux angles égaux chacun à chacun pour que le troisième soit égal au troisième, ce qui constate leur similitude.

PROPOSITION VI.

THÉORÊME.

Deux triangles sont semblables lorsqu'ils ont un angle égal compris entre côtés proportionnels.

Soit l'angle A$=$D, et de plus $\frac{DE}{AB}=\frac{DF}{AC}$, je dis   fig. 90. que les deux triangles ABC, DEF, seront semblables.

Faisons comme ci-dessus AG$=$DE, et AH $=$DF; puisque l'angle A$=$D, les triangles AGH, DEF, seront égaux, et puisque $\frac{DE}{AB}=\frac{DF}{AC}$, on aura aussi $\frac{AG}{AB}=\frac{AH}{AC}$; donc GH sera parallèle à BC; le triangle AGH sera donc équiangle et semblable avec ABC; donc le triangle DEF le sera aussi.

PROPOSITION VII.

THÉORÊME.

Deux triangles sont semblables lorsqu'ils ont les côtés parallèles chacun à chacun ou lorsqu'ils les ont perpendiculaires chacun à chacun.

1.° Si les triangles ABC, DEF, ou ABC,   fig. 91. D'E'F' ont les côtés parallèles chacun à chacun, les angles qui ont les côtés parallèles chacun à chacun les auront tous deux dirigés dans le même sens, ou tous deux dirigés dans le sens contraire; donc * ils seront égaux, et les triangles seront   *pr. 23, équiangles entre eux et semblables.   liv. 1.

2.° Soit AB perpendiculaire sur DE, AC   fig. 92. sur DF, et BC sur EF, je dis que les triangles ABC, DEF seront semblables.

Au dedans du triangle ABC je construis un triangle *def* dont les côtés soient respectivement parallèles à ceux du triangle DEF, et par conséquent perpendiculaires à ceux du triangle ABC, et soient prolongés les côtés du triangle *def* jusqu'à la rencontre des côtés du triangle ABC en *g*, *h*, *i*. La somme des angles du quadrilatère A*idh* = quatre droits; retranchant les deux angles droits *i* et *h*, il restera deux droits pour la somme des angles *idh* et A; mais *idh* + *edf* est aussi égale à deux droits; si donc de ces deux sommes égales on ôte l'angle commun *idh*, il restera *edf* = A; on démontrera de même par le quadrilatère B*ieg* que *def* = B; donc le triangle *def* est équiangle et semblable à ABC, et par conséquent le triangle DEF le sera aussi.

Scholie. Dans le cas des côtés perpendiculaires il faut bien remarquer que ce sont les côtés perpendiculaires qui sont alors les côtés homologues.

PROPOSITION VIII.

THÉORÊME.

Deux triangles qui ont un angle égal sont entre eux comme les produits des côtés qui comprennent l'angle égal.

fig. 93. Soit l'angle A du triangle ABC égal à l'angle D du triangle DEF, je dis qu'on aura $\frac{ABC}{DEF} = \frac{AB \times AC}{DE \times DF}$; car en abaissant les perpendiculaires

*pr. 3. CG, FH, le triangle ABC vaudra $\frac{1}{2}$ AB × CG * et le triangle DEF vaudra $\frac{1}{2}$ DE × FH; donc $\frac{ABC}{DEF} = \frac{AB \times CG}{DE \times FH}$ qu'on peut écrire ainsi $\frac{AB}{DE} \times \frac{CG}{FH}$; mais les triangles ACG, DFH ont deux angles égaux chacun à chacun, savoir, $A = D$, et $G = H$; donc ils sont semblables, et l'on a $\frac{CG}{FH} = \frac{AC}{DF}$; si donc dans l'expression $\frac{AB}{DE} \times \frac{CG}{FH}$ qui est le rapport des deux triangles donnés, on remplace la seconde fraction par son égale $\frac{AC}{DF}$, ce rapport deviendra $\frac{AB}{DE} \times \frac{AC}{DF}$ ou $\frac{AB \times AC}{DE \times DF}$.

Corollaire 1. Deux parallélogrammes qui ont un angle égal sont entre eux comme les produits de leurs côtés adjacens.

Corollaire 2. Deux triangles semblables ABC, DEF, sont entre eux comme les quarrés fig. 90. de leurs côtés homologues; car l'angle A étant $= D$, le rapport de ces triangles peut d'abord être exprimé par $\frac{AB}{DE} \times \frac{AC}{DF}$; mais à cause de la similitude, $\frac{AC}{DF}$ peut être remplacée par $\frac{AB}{DE}$ son égale, et le rapport devient $\frac{AB}{DE} \times \frac{AB}{DE}$ ou $\frac{\overline{AB}^2}{\overline{DE}^2}$.

PROPOSITION IX.

THÉORÊME.

La ligne AD qui divise l'angle BAC d'un fig. 94. *triangle en deux parties égales, divise la base BC en deux segmens proportionnels aux côtés adjacens, de manière qu'on a* $\frac{BD}{CD} = \frac{AB}{AC}$.

Les deux triangles BAD, CAD, ont un angle égal en A; donc, suivant le théorème précédent, ils sont entre eux comme $AB \times AD$ à $AC \times AD$ ou, en supprimant le facteur commun AD, comme AB à AC; mais ces mêmes triangles ont même sommet en A et leurs bases sur une même droite; ils ont donc même hauteur et sont entre eux comme leurs bases BD, CD; les deux rapports $\frac{BD}{CD}$ et $\frac{AB}{AC}$ qui expriment l'un et l'autre le rapport des mêmes triangles, sont donc égaux.

PROPOSITION X.

THÉORÊME.

fig. 95. *Si du sommet A de l'angle droit d'un triangle rectangle on abaisse la perpendiculaire AD sur l'hypothénuse BC;*

1.º Les deux triangles partiels ADB, ADC seront semblables entre eux et au triangle total ABC;

2.º Chaque côté AB ou AC sera moyen proportionnel entre l'hypothénuse et le segment adjacent BD ou CD;

3.º La perpendiculaire AD sera moyenne proportionnelle entre les deux segmens BD, CD.

Car, 1.º les deux triangles ABD, ABC, ont l'angle B commun; ils ont de plus chacun un angle droit; donc ils sont semblables; il en est de même des deux triangles ACD, ABC; donc les trois triangles sont semblables.

2.º Dans les deux triangles semblables ABD, ABC, le côté BD qui dans le petit triangle est situé entre l'angle B et l'angle droit, est à son homologue AB, également situé dans le grand triangle entre l'angle B et l'angle droit, comme l'hypothénuse AB du petit triangle est à BC, hypothénuse du grand; donc le côté AB est moyen proportionnel entre l'hypothénuse et le segment BD, adjacent à ce côté AB. On aura de même AC moyen proportionnel entre BC et CD.

3.º La comparaison des côtés homologues des

deux triangles partiels semblables donne la proportion $BD : AD = AD : CD$; donc la perpendiculaire AD est moyenne proportionnelle entre les deux segmens BD, CD.

Corollaire. L'angle BAC inscrit dans une fig. 96. demi-circonférence étant droit, 1.° la perpendiculaire AD abaissée d'un point A de la circonférence sur le diamètre BC, sera moyenne proportionnelle entre les deux segmens BD, CD faits sur le diamètre; 2.° la corde AB menée de l'extrémité du diamètre BC, sera moyenne proportionnelle entre le diamètre et le segment formé par la perpendiculaire abaissée de l'autre extrémité de la corde.

PROPOSITION XI.

THÉORÊME.

Si sur les trois côtés d'un triangle rectangle ABC fig. 95. *on forme des quarrés, 1.° le quarré fait sur l'hypoténuse sera égal à la somme des deux quarrés faits sur les côtés; 2.° les quarrés des deux côtés AB, AC, seront entre eux comme les segmens adjacens BD, CD, formés par la perpendiculaire abaissée du sommet de l'angle droit sur l'hypoténuse; 3.° le quarré de l'hypoténuse sera au quarré du côté AB ou AC comme l'hypothénuse est au segment BD ou CD adjacent à ce côté.*

Par le théorême précédent on a $BD : AB = AB : BC$.
$$CD : AC = AC : BC.$$

De la première on tire $\overline{AB}^2 = BD \times BC$.

Et de la seconde...... $\overline{AC}^2 = CD \times BC$.

Si, 1.° l'on ajoute membre à membre, on aura

$\overline{AB}^2 + \overline{AC}^2 = BD \times BC + CD \times BC$ ou $BC \times (BD + CD)$, ce qui est la même chose que

$BC \times BC$ ou $\overline{BC}^2$; donc, 1.º le quarré de l'hypoténuse vaut la somme des quarrés des deux côtés.

Si, 2.º l'on divise les deux équations ci-dessus membre à membre, on aura $\dfrac{\overline{AB}^2}{\overline{AC}^2} = \dfrac{BD \times BC}{CD \times BC}$, et en supprimant le facteur commun BC, il viendra $\dfrac{\overline{AB}^2}{\overline{AC}^2} = \dfrac{BD}{CD}$; donc, 2.º les quarrés des côtés sont entre eux comme les segmens adjacens.

3.º Si l'on divise membre à membre les termes de l'équation identique $\overline{BC}^2 = \overline{BC}^2$ par les termes de l'équation $\overline{AB}^2 = BD \times BC$, on aura $\dfrac{\overline{BC}^2}{\overline{AB}^2} = \dfrac{\overline{BC}^2}{BD \times BC}$, et en supprimant le facteur BC, commun aux deux termes de la fraction du second membre, on aura $\dfrac{\overline{BC}^2}{\overline{AB}^2} = \dfrac{BC}{BD}$; donc, 3.º le quarré de l'hypoténuse est au quarré d'un côté comme l'hypoténuse est au segment adjacent à ce côté. On trouvera de même $\dfrac{\overline{BC}^2}{\overline{AC}^2} = \dfrac{BC}{CD}$.

On peut démontrer de la manière suivante la première des trois propriétés énoncées dans ce théorême :

fig 97.   Sur l'hypoténuse BC du triangle rectangle ABC on construira le quarré BCDE ; par le point D on menera une parallèle à AB, et par le point E une parallèle à AC, qui rencontreront les côtés AB et AC prolongés et formeront la figure AFGH ; les quatre triangles ABC, BEF, DEG, CDH, ont les angles égaux chacun à chacun comme ayant les côtés les uns parallèles et les autres perpendiculaires chacun à chacun ; ils ont de plus l'hypoténuse égale ; donc ils sont égaux , et l'on a $BF = AC$, $EF = AB$, etc. ; donc le rectangle AFGH est un quarré dont le côté $AF = AB + AC$; on sait que ce quarré exprimé par $(AB + AC)^2$ vaut $\overline{AB}^2 + \overline{AC}^2 + 2AB \times AC$; chacun des quatre triangles vaut $\frac{1}{2} AB \times AC$, et les quatre réunis vaudront $2AB \times AC$; en retranchant cette valeur de celle du quarré de AF que nous venons de former , il restera $\overline{AB}^2 + \overline{AC}^2$ pour le quarré de BC qui reste.

Corollaire 1. Pour évaluer l'hypoténuse lorsque les deux côtés sont donnés en nombres , il faut élever ces deux nombres à leurs secondes puissances , ajouter les résultats et extraire la racine quarrée de la somme ; de même , on trouve un ... é en extrayant la racine quarrée de la diffé-nce des quarrés formés sur l'hypoténuse et l'autre côté; car on a $BC = \sqrt{(\overline{AB}^2 + \overline{AC}^2)}$, et $AB = \sqrt{(\overline{BC}^2 - \overline{AC}^2)}$.

Corollaire 2. Si le triangle rectangle ABC est fig. 98. en même tems isoscèle , l'hypoténuse est la diagonale du quarré fait sur le côté ; cette diagonale vaut alors $\sqrt{2\overline{AB}^2}$ ou $AB\sqrt{2}$, c'est-à-dire , *que la diagonale d'un quarré est égale à son côté multiplié par* $\sqrt{2}$.

PROPOSITION XII.

THÉORÊME.

Si l'angle A du triangle ABC est aigu , le fig. 99 *quarré fait sur le côté opposé BC vaudra moins* et 100. *que la somme des quarrés faits sur les deux côtés de l'angle aigu; si l'angle A est obtus , le* fig. 101. *quarré du côté opposé BC vaudra plus que la somme des quarrés des deux côtés de l'angle obtus ; dans l'un et l'autre cas , si du sommet B on abaisse BD perpendiculairement sur AC ou sur son prolongement , la différence en moins ou en plus entre le quarré de BC et la somme des deux autres quarrés sera le double du rectangle fait sur le côté AC sur lequel tombe la perpendiculaire et la partie AD comprise entre l'angle A et le pied D de cette perpendiculaire.*

BC étant l'hypoténuse du triangle rectangle BCD , on a 1.° $\overline{BC}^2 = \overline{BD}^2 + \overline{CD}^2$.

BD étant un côté du secoud triangle rectangle ABD , on a 2.° $\overline{BD}^2 = \overline{AB}^2 - \overline{AD}^2$.

fig. 99. et 100. Lorsque l'angle A est aigu , les points C et D tombent du même côté de cet angle , et selon que le point D tombe sur AC ou sur son prolongement , on aura CD = AC-AD ou CD = AD-AC ; et élevant au quarré , on a dans les deux cas $\overline{CD}^2 = \overline{AC}^2 + \overline{AD}^2 - 2 AC \times AD$; mais lorsque fig. 101. que l'angle A est obtus , le point D tombe hors de cet angle , et l'on a CD = AC+AD , et élevant au quarré , on a $\overline{CD}^2 = \overline{AC}^2 + \overline{AD}^2 + 2AC \times AD$.

Qu'on ajoute maintenant membre à membre les trois équations :

$$\overline{BC}^2 = \overline{BD}^2 + \overline{CD}^2,$$
$$\overline{BD}^2 = \overline{AB}^2 - \overline{AD}^2,$$
$$\overline{CD}^2 = \overline{AC}^2 + \overline{AD}^2 \mp 2AC \times AD,$$

le double signe $\mp$ du dernier terme signifiant qu'il faut prendre le signe — dans le cas de l'angle A aigu et le signe + pour l'angle obtus , on aura , en supprimant les termes qui se détruisent ,

$$\overline{BC}^2 = \overline{AB}^2 + \overline{AC}^2 \mp 2AC \times AD.$$

Corollaire. Si on joint le sommet A du triangle fig. 102.
ABC au milieu E de la base, on aura

$$\overline{AB}^2 + \overline{AC}^2 = 2\overline{AE}^2 + 2\overline{BE}^2 \; ;$$

car l'angle E étant aigu dans le triangle AEB et
obtus dans le triangle AEC, on aura, en abaissant
la perpendiculaire AD, les deux équations :

$$\overline{AB}^2 = \overline{AE}^2 + \overline{BE}^2 - 2\,BE \times DE \; ;$$

$$\overline{AC}^2 = \overline{AE}^2 + \overline{CE}^2 + 2\,CE \times DE \; ;$$

ajoutant membre à membre et mettant à la place
de CE son égale BE, les deux derniers termes se
détruiront, et il viendra l'équation ci-dessus.

PROPOSITION XIII.

THÉORÊME.

*La somme des quarrés des quatre côtés d'un
quadrilatère ABCD est égale à la somme des* fig. 103.
*quarrés des deux diagonales AC, BD, plus
quatre fois le quarré de la ligne EI qui joint les
milieux de ces diagonales.*

Soient menées BE, DE ; suivant le corollaire
du théorême précédent,

le triangle ABC donnera $\overline{AB}^2 + \overline{BC}^2 = 2\overline{AE}^2 + 2\overline{BE}^2$,

le triangle ACD donnera $\overline{AD}^2 + \overline{CD}^2 = 2\overline{AE}^2 + 2\overline{DE}^2$,

le triangle BDE donne, en doublant les termes, $2\overline{BE}^2 + 2\overline{DE}^2 = 4\overline{BI}^2 + 4\overline{EI}^2$;

ajoutant ces trois équations membre à membre et
effaçant les termes qui se détruisent, on aura

$$\overline{AB}^2 + \overline{BC}^2 + \overline{AD}^2 + \overline{CD}^2 = 4\overline{AE}^2 + 4\overline{BI}^2 + 4\overline{EI}^2 ;$$

mais $4\overline{AE}^2$ est le quarré de 2AE ou de AC, et
$4\overline{BI}^2$ est celui de 2BI ou de BD ; donc

$$\overline{AB}^2 + \overline{BC}^2 + \overline{AD}^2 + \overline{CD}^2 = \overline{AC}^2 + \overline{BD}^2 + 4\overline{EI}^2.$$

6

Corollaire. Dans le parallélogramme les deux milieux des diagonales coïncident, et la ligne EI se réduit à un point ; donc la somme des quarrés des quatre côtés d'un parallélogramme est égale à celle des quarrés des deux diagonales.

PROPOSITION XIV.

THÉORÊME.

fig. 104 et 105. *Si deux lignes AB, CD, coupent la circonférence chacune en deux points et se rencontrent en un point O situé soit au-dedans ou au-dehors du cercle, le produit des parties OA, OB, comprises sur la première ligne entre le point O et les deux points d'intersection, est égal au produit des parties OC, OD, comprises sur la seconde ligne entre le même point O et les deux points d'intersection, de manière qu'on a*
$$OA \times OB = OC \times OD.$$

Joignons AC et BD ; les triangles OAC, ODB, seront semblables comme ayant deux angles égaux chacun à chacun ; car si le point O est intérieur au cercle, les angles en O sont égaux comme fig. 104. opposés au sommet, et si le point O est extérieur, fig. 105. l'angle O est commun ; de plus, les angles OAC, ODB, sont égaux comme inscrits dans le même segment BAC ; donc en comparant les côtés homologues, on a OA : OD = OC : OB, d'où l'on tire $OA \times OB = OC \times OD$.

Corollaire. La proposition aura encore lieu fig. 106. lorsque les deux points d'intersection A et B se confondent, en sorte que la ligne OA ne fait plus que toucher le cercle en un seul point, puisqu'alors aussi les triangles OAC, ODA ont l'angle O commun, et l'angle OAC, formé par une tangente et une corde, a même mesure que

l'angle inscrit ODA ; la proportion devient alors
OC : OA=OA : OD , c'est-à-dire, que *si d'un
même point O extérieur au cercle, on mène une
tangente OA et une sécante OD , la tangente
sera moyenne proportionnelle entre la sécante
OD et sa partie extérieure OC.* On a alors
$\overline{OA}^2=OC\times OD$.

Scholie. On exprime ordinairement l'égalité
de produits qui fait le sujet de ce théorême, en
disant que les parties de ces deux lignes sont
réciproquement proportionnelles : on entend par
cette manière de s'énoncer qu'il y aura proportion
entre ces quatre parties moyennant un renversement d'ordre, en nommant d'abord la première
ligne avant la seconde, et ensuite la seconde avant
la première, comme on le voit dans la proportion
OA : OD=OC : OB.

PROPOSITION XV.

PROBLÊME.

*Construire une quatrième proportionnelle à
trois lignes données.*

Sur une même droite on prendra les distances
OA , OB, égales aux deux moyens termes de la
proportion ; dans une direction quelconque on
menera OC égal à l'extrême connu ; par les trois
points A , B, C, on fera passer une circonférence,
et prolongeant OC jusqu'à la seconde rencontre
de la circonférence en D, la ligne OD sera la
quatrième proportionnelle cherchée, puisqu'on
a , suivant le théorême précédent, OC : OA
=OB : OD.

On peut aussi se servir des parallèles, en suivant
le procédé indiqué à la proposition xxii.e du
second livre.

Scholie. Si au lieu de construire la quatrième proportionnelle, il s'agissait de *l'évaluer* par le calcul, en désignant les trois lignes données par a, b et c, la quatrième proportionnelle serait $\frac{bc}{a}$; la solution ci-dessus servira donc aussi à construire toute expression semblable à $\frac{bc}{a}$, dans laquelle les lettres représentent des lignes. Elle servira aussi à construire sur une base donnée un rectangle équivalent à un rectangle donné ; car soit a la base donnée et x la hauteur inconnue, le rectangle cherché vaudra ax ; soient b et c les côtés adjacens du rectangle donné, il vaudra bc ; on aura donc $ax = bc$; donc $x = \frac{bc}{a}$.

S'il faut construire l'expression $\frac{def}{gh}$, on l'écrira d'abord ainsi : $\frac{de}{g} \times \frac{f}{h}$; mais l'expression $\frac{de}{g}$ peut être construite comme ci-dessus ; appelons-la x ; l'expression donnée deviendra $\frac{fx}{h}$ qui peut de même être construite. On étendra ce procédé à toute expression fractionnaire dont le numérateur renferme une lettre de plus que le dénominateur, si toutes ces lettres représentent des lignes.

PROPOSITION XVI.

PROBLÊME.

Construire une moyenne proportionnelle entre deux lignes données.

fig. 96.

Sur une droite on portera BD, DC, égales aux deux lignes données ; sur BC comme diamètre on décrira une demi-circonférence ; au point D on élevera la perpendiculaire DA qui rencontrera la circonférence en un point A ; cette ligne AD sera la moyenne proportionnelle demandée *.

* cor., pr. 10.

Scholie. Soient a et b les deux lignes données, l'expression de la moyenne proportionnelle sera $\sqrt{ab}$; la solution ci-dessus apprend donc à construire toute expression semblable à $\sqrt{ab}$. Elle servira aussi à construire un quarré

équivalent à un rectangle donné, ce qu'on appelle *quarrer
la figure* ; car soient *a* et *b* les côtés adjacens du rectangle,
il vaudra *ab* ; soit x le côté du quarré cherché, le quarré
vaudra x^2 ; mais de l'équation $x^2 = ab$, on tire $x = \sqrt{ab}$,

PROPOSITION XVII.

PROBLÊME.

*Faire un quarré égal à la somme ou à la
différence de deux quarrés donnés.*

Si avec les côtés AB, AC, de deux quarrés fig. 107.
donnés on forme un triangle rectangle, l'hypoténuse BC sera le côté du quarré égal à la somme
de ces deux quarrés *.   * pr. 11.

Pour avoir le côté d'un quarré égal à la différence de deux quarrés donnés, à l'extrémité A de
la ligne AB, égale au côté du plus petit quarré, on
élevera une perpendiculaire indéfinie, de l'autre
extrémité B comme centre, et avec un rayon égal
au côté du plus grand quarré, on décrira un arc
qui coupera la perpendiculaire en C, et AC sera
$\sqrt{(\overline{BC}^2 - \overline{AB}^2)}$.

Scholie 1. On trouvera le côté d'un quarré égal
à la somme de tant de quarrés qu'on voudra, en
cherchant d'abord le côté du quarré égal à la
somme de deux d'entre eux ; et combinant ce côté
avec celui d'un troisième, on aura le côté d'un
quarré égal à la somme des trois quarrés, et ainsi
de suite.

Scholie 2. La solution de ce problême sert aussi à construire les expressions semblables à $\sqrt{(a^2 + b^2)}$,
$\sqrt{(a^2 - b^2)}$ et $\sqrt{(a^2 + b^2 + c^2 - d^2 - e^2)}$.

S'il faut construire $\sqrt{(mn \pm pq)}$, l'on construira
$\sqrt{mn}$ et $\sqrt{pq}$ par le procédé de la proposition précédente ; soient x et y ces deux lignes, on construira
$\sqrt{(x^2 \pm y^2)}$ qui sera $= \sqrt{(mn \pm pq)}$.

PROPOSITION XVIII.

PROBLÊME.

Trouver deux lignes qui soient entre elles comme deux quarrés, deux rectangles ou deux produits donnés de trois lignes chacun.

1.º Si on construit un triangle rectangle avec les côtés AB, AC, de deux quarrés donnés, et que du sommet A on abaisse la perpendiculaire AD sur l'hypoténuse, les segmens BD, DC, seront entre eux comme les deux quarrés donnés*.

2.º Si deux rectangles sont exprimés par les produits ab et cd, leur rapport ne changera pas en divisant les deux termes par b, ce qui réduira le rapport en $a : \frac{cd}{b}$; or a est une des lignes données, et $\frac{cd}{b}$ est une ligne que nous savons construire; donc a et $\frac{cd}{b}$ seront les deux lignes qui sont entre elles comme les deux rectangles donnés.

3.º Si on a les deux produits abc et pqr de trois lignes chacun, pour en réduire le rapport en lignes il faudra diviser les deux termes par un produit de deux lignes; par exemple, par bc; mais il sera plus commode de diviser par cp; alors le rapport $\frac{abc}{cp} : \frac{pqr}{cp}$ se réduira à $\frac{ab}{p} : \frac{qr}{c}$; or nous savons construire les deux lignes $\frac{ab}{p}$ et $\frac{qr}{c}$ qui seront entre elles dans le rapport des deux produits abc et pqr.

Scholie 1. Nous avons supposé dans ce problême qu'aucune des deux lignes n'est donnée; mais une fois qu'on aura trouvé comme ci-dessus deux lignes dans le rapport demandé, on pourra se donner l'une à volonté, et l'on trouvera l'autre par une proportion.

Scholie 2. On pourrait renverser la première question et demander deux quarrés qui soient entre eux comme deux lignes données ; sur la somme des deux lignes données BD + DC comme diamètre, on décrira une circonférence, et la perpendiculaire élevée au point D déterminera sur la circonférence le point A, et AB, AC, seront les côtés de deux quarrés proportionnels aux lignes données.

fig. 96.

Au lieu de AB, AC, on pourrait prendre deux de leurs parties interceptées par quelque parallèle à BC, lesquelles auront aussi leurs quarrés proportionnels à BD, DC, ce qui offre le moyen de prendre un des quarrés à volonté.

PROPOSITION XIX.

PROBLÊME.

Diviser une ligne donnée en deux parties, de manière que la plus grande soit moyenne proportionnelle entre la plus petite et la ligne entière, ce qu'on appelle diviser en moyenne et extrême raison.

Soit a la ligne donnée, x sa plus grande partie, $a-x$ sera l'autre, et l'on aura $a-x : x = x : a$, d'où l'on tire $x^2 = a^2 - ax$, laquelle équation étant résolue, conduit à $x = -\frac{1}{2}a \pm \sqrt{(\frac{1}{4}a^2 + a^2)}$; mais on ne peut prendre que le signe supérieur, pour que x soit positif et moindre que a ; il ne s'agit plus que de construire cette expression ; mais $\sqrt{(\frac{1}{4}a^2 + a^2)}$ est l'hypoténuse d'un triangle rectangle dont les côtés sont a et $\frac{1}{2}a$* ; *pr. 11. et si de cette hypothénuse on ôte $\frac{1}{2}a$, il restera $\sqrt{(\frac{1}{4}a^2 + a^2)} - \frac{1}{2}a$ qui sera la plus grande partie, ce qui fournit la construction suivante que nous démontrerons cependant synthétiquement, pour l'intelligence de ceux qui ne connaissent pas les équations du second degré.

fig. 108. Sur l'extrémité B de la ligne donnée AB on élevera une perpendiculaire BC égale à sa moitié, et l'on joindra AC ; du point C comme centre, et avec CB comme rayon, l'on décrira une circonférence qui coupera AC en D ; la ligne AD sera la plus grande partie, et en la portant par un arc de cercle sur AB de A en E, la ligne AB se trouvera divisée en moyenne et extrême raison, de manière qu'on aura BE : AE $=$ AE : AB.

En effet, prolongeons AC jusqu'à la seconde rencontre de la circonférence en F ; puisque AB est perpendiculaire à l'extrémité du rayon BC, ** pr. 11, liv. 2.* elle sera tangente ***, et sera par conséquent moyenne proportionnelle entre la sécante AF et ** cor. pr. 14.* sa partie extérieure AD ***, et l'on a $\frac{AF}{AB} = \frac{AB}{AD}$; retranchant une unité de part et d'autre, on aura $\frac{AF}{AB} - 1 = \frac{AB}{AD} - 1$, et réduisant chaque membre au même dénominateur, il viendra $\frac{AF-AB}{AB} = \frac{AB-AD}{AD}$; mais AB, double du rayon BC, est $=$ DF ; donc AF$-$AB$=$AF$-$DF$=$AD$=$AE, et AB$-$AD $=$AB$-$AE$=$BE, et l'équation $\frac{AF-AB}{AB} = \frac{AB-AD}{AD}$ revient à $\frac{AE}{AB} = \frac{BE}{AE}$, ou en transposant, $\frac{BE}{AE} = \frac{AE}{AB}$; donc AE est moyenne proportionnelle entre BE et AB.

PROPOSITION XX.

PROBLÊME.

Transformer un polygone en un triangle équivalent.

fig. 109. Soit le polygone ABCDE ; on menera la diagonale AD qui détache du polygone le triangle

ADE ; par le sommet E, on menera à cette diagonale la parallèle EF qui rencontre en F le côté BA prolongé ; si maintenant on mène DF, les triangles ADE, ADF, seront équivalens, comme ayant même base AD et même hauteur, puisque les sommets sont sur une ligne parallèle à la base ; si donc on remplace le triangle ADE par son égal ADF, le nouveau polygone FBCD, équivalent à ABCDE, aura un côté de moins, puisque par cette transposition du sommet E en F, le sommet A cesse d'en être un. Le même procédé étant appliqué au second polygone, il sera transformé en un troisième qui aura encore un côté de moins ; et s'il y avait un plus grand nombre de côtés, on continuerait ce procédé jusqu'à ce que le nombre de côtés fût réduit à trois.

Corollaire. Pour exprimer en lignes le rapport de deux polygones, on réduira l'un et l'autre en triangles, et l'on réduira en lignes le rapport de ces triangles, comme on ferait pour deux rectangles de même base et même hauteur que ces triangles *. *pr. 18.

PROPOSITION XXI.

THÉORÊME.

Deux polygones semblables se divisent en un même nombre de triangles semblables chacun à chacun et semblablement placés.

Soient ABCDE et *abcde* deux polygones sem- fig. 110. blables ; des deux sommets homologues A et *a*, je mène des diagonales AC, AD, *ac*, *ad* à tous les sommets opposés. Puisque les polygones sont semblables, l'angle $A = a$; de plus $\frac{AB}{ab} = \frac{AC}{ac}$;

donc les triangles ABC, *abc*, ont un angle égal compris entre côtés proportionnels, et sont semblables*. Passons aux triangles ACD, *acd*; la similitude des premiers triangles donne l'angle ACB $=acb$, et celle des polygones donne l'angle BCD $=bcd$; retranchant les angles égaux des angles égaux, il restera l'angle ACD $=acd$; de plus, la similitude des premiers triangles donne $\frac{AC}{ac}=\frac{BC}{bc}$, et par celle des polygones on a $\frac{CD}{cd}=\frac{BC}{bc}$; donc, à cause de l'identité des seconds membres, on a aussi $\frac{AC}{ac}=\frac{CD}{cd}$; ainsi les deux triangles ACD, *acd*, ont aussi un angle égal compris entre côtés proportionnels, et sont semblables; et continuant ainsi de proche en proche, on prouvera que quel que soit le nombre des triangles dont les deux polygones sont composés, ils sont semblables chacun à chacun.

Scholie. Réciproquement, si deux polygones sont formés par la réunion d'un même nombre de triangles semblables chacun à chacun et semblablement placés, ces deux polygones sont semblables; car les angles de ces triangles étant égaux chacun à chacun, ceux des polygones le seront aussi; car ces angles sont ou des angles simples des triangles, comme B, *b*, ou ils réunissent le même nombre d'angles de ces triangles, comme A, *a*; de plus, la similitude des triangles ABC, *abc*, donne d'abord $\frac{AB}{ab}=\frac{BC}{bc}$; donc ces côtés des polygones sont déjà proportionnels; mais la similitude de ces mêmes triangles donne aussi $\frac{BC}{bc}=\frac{AC}{ac}$, et celle des triangles ACD, *acd*, donne $\frac{CD}{cd}=\frac{AC}{ac}$; donc, à cause de l'identité des seconds membres, on a aussi $\frac{BC}{bc} = \frac{CD}{cd}$; et en continuant ce raisonnement, on prouvera que tous les côtés homologues des deux polygones sont proportionnels ; ces deux polygones réunissent donc les deux conditions exigées pour être semblables ; donc ils le sont en effet.

Corollaire. Pour décrire sur le côté ab, homologue à AB, un polygone semblable à ABCDE, on partagera celui-ci en triangles par des diagonales, et faisant les angles abc, bac, égaux à ABC, BAC, le triangle abc sera semblable à ABC ; on construira de même sur ac le triangle acd semblable à ACD, et l'on continuera de même.

PROPOSITION XXII.

THÉORÊME.

Les contours ou périmètres des polygones semblables sont entre eux comme leurs côtés homologues, et leurs surfaces comme les quarrés de ces mêmes côtés.

1.° Si les polygones ABCDE, $abcde$, sont semblables, on a cette suite de rapports égaux,
$$AB : ab = BC : bc = CD : cd = DE : de = AE : ae ;$$
donc aussi la somme des antécédens qui forme le contour ABCDE, est à celle des conséquens qui forment le contour $abcde$, comme un antécédent AB est à son conséquent ab ; donc 1.° les périmètres des polygones semblables sont entre eux comme les côtés homologues.

2.° Les polygones étant semblables, les triangles ABC, abc, seront semblables, et seront entre eux comme les quarrés de leurs côtés homologues AB, ab* ; de même, les triangles ACD, * cor. 2, pr. 8.

acd, étant semblables, ils sont entre eux comme les quarrés de leurs côtés homologues CD, *cd*; mais à cause de la similitude des polygones, le rapport $\overline{CD}^2 : \overline{cd}^2$ est encore égale à $\overline{AB}^2 : \overline{ab}^2$; il en est de même des triangles ADE, *ade*, qui seront aussi entre eux comme $\overline{AB}^2$ à $\overline{ab}^2$; on a donc cette suite de rapports égaux, ABC : *abc* = ACD : *acd* = ADE : *ade*; donc la somme des antécédens qui forme la surface du premier polygone, est à celle des conséquens qui forme la surface du second, comme $\overline{AB}^2$ à $\overline{ab}^2$; donc 2.° les surfaces des polygones semblables sont entre elles comme les quarrés de leurs côtés homologues.

LIVRE IV.

LES POLYGONES RÉGULIERS ET LA MESURE DU CERCLE.

DÉFINITIONS.

Un polygone est appelé *régulier* lorsqu'il est à-la-fois équilatéral et équiangle.

Le polygone régulier de trois côtés est le triangle équilatéral, et le quarré celui de quatre.

PROPOSITION PREMIÈRE.
THÉORÊME.

Deux polygones réguliers d'un même nombre de côtés sont semblables.

1°. Le polygone régulier étant équiangle, en désignant par n le nombre de ses côtés, chacun de ses angles vaudra $2-\frac{4}{n}$ * ; si donc le nombre n est le même pour les deux polygones, ils seront équiangles entre eux.

* cor. pr. 21, Liv. 1.

2°. Le polygone régulier étant aussi équilatéral, le rapport entre deux côtés de ces deux polygones est le même, quels que soient ceux des côtés que l'on compare ; ces deux polygones ont donc aussi les côtés proportionnels.

Ces deux propriétés ayant lieu, les polygones sont semblables.

Corollaire. Donc les périmètres de deux polygones réguliers d'un même nombre de côtés sont entre eux comme leurs côtés, et leurs surfaces sont comme les quarrés de ces mêmes côtés. *

*pr. 22, liv. 3.

PROPOSITION II.

THÉORÊME.

Tout polygone régulier peut être inscrit et circonscrit à un cercle.

fig. 111. 1.° Soit ABCDEFGH un polygone régulier; si on divise en deux parties égales chacun des angles égaux A et B, le triangle AOB sera isoscèle, et si l'on joint OC, les triangles OAB, OBC auront un angle égal en B compris entre côtés égaux chacun à chacun; donc ils seront égaux; donc OC=OB, et l'angle C sera aussi divisé en deux parties égales, et en continuant ainsi de proche en proche, on prouvera que le point O est également éloigné de tous les sommets du polygone et sera par conséquent le centre d'un cercle qui passera par tous ces sommets; donc, 1.° le polygone régulier est inscriptible dans un cercle.

2.° Les triangles isoscèles égaux AOB, BOC, etc., ont même hauteur; la perpendiculaire OI abaissée du point O sur le milieu de AB sera donc le rayon d'un cercle décrit du point O comme centre et qui touchera tous les côtés dans leurs milieux; donc, 2.° le polygone régulier peut être circonscrit à un cercle.

Scholie 1. On appele *angle au centre* l'angle AOB formé au centre commun O du cercle inscrit et circonscrit par les rayons menés aux extrémités d'un même côté AB. Tous les angles au centre étant égaux, et leur somme étant égale à quatre angles droits, si on désigne par n le nombre des côtés du polygone et qu'on prenne l'angle droit pour unité, chaque angle au centre vaudra $\frac{4}{n}$.

On prouvera réciproquement qu'en divisant une circonférence en un nombre quelconque de parties égales et joignant les points de division par des cordes, le polygone inscrit sera régulier ; car il aura les côtés égaux comme soutendant des arcs égaux, et il aura les angles égaux comme inscrits dans des segmens égaux.

Et si par ces mêmes points d'intersection pris sur la circonférence on mène des tangentes, on formera un polygone circonscrit régulier ; car chaque sommet I de ce polygone étant le point de concours de deux tangentes, les triangles AOI, BOI seront égaux *, et chacun des angles AOI, etc., vaudra moitié de AOB ou $\frac{2}{n}$; donc tous ces triangles seront égaux entre eux, et par conséquent aussi leurs doubles IOK, etc., et le polygone IKL, etc., sera équilatéral et équiangle, et par conséquent régulier.

Si donc un polygone régulier est inscrit dans un cercle, on pourra circonscrire à ce cercle un polygone semblable en menant des tangentes, soit aux sommets du polygone inscrit ou aux milieux des arcs soutendus par les côtés de ce polygone.

Réciproquement, si on a le polygone circonscrit, on peut inscrire au cercle un polygone semblable, soit en joignant les points de contact A, B, C, etc., par des cordes, soit en menant des droites OI, OK, etc., du centre aux sommets du polygone circonscrit qui couperont le cercle en autant de points, et joignant ces points d'intersection.

Scholie 2. En divisant l'angle au centre en deux parties égales, on pourra inscrire et circonscrire de nouveaux polygones d'un nombre de côtés double, de manière que dès qu'on sait inscrire ou circonscrire un polygone régulier d'un certain nombre de côtés, on saura inscrire et aussi circonscrire une suite de nouveaux polygones dont les côtés augmentent en progression double. Les propositions suivantes feront connaître ceux des polygones dont on peut trouver la construction par des moyens élémentaires.

PROPOSITION III.

PROBLÊME.

Inscrire un quarré dans un cercle et évaluer son côté.

fig. 113. On menera deux diamètres perpendiculaires AC, BD, qui intercepteront quatre quarts de cercle, et joignant les extrémités, on aura le quarré ABCD.

Le côté AB étant l'hypoténuse du triangle rectangle isoscèle AOB, en prenant le rayon pour unité, ce côté vaudra $\sqrt{2}$ *.

* Cor. pr. 11, liv. 3.

PROPOSITION IV.

PROBLÊME.

Inscrire dans un cercle un hexagone régulier et un triangle équilatéral, et évaluer leurs côtés.

* pr. 2. L'angle au centre étant en général $\frac{4}{n}$ *, il est dans l'hexagone $\frac{4}{6}$ ou $\frac{2}{3}$ d'un angle droit : en fig. 114. supposant AOB cet angle, la somme des deux autres angles du triangle isoscèle AOB vaudra $2-\frac{2}{3}$ ou $\frac{4}{3}$; donc chacun d'eux vaudra aussi $\frac{2}{3}$, et le triangle AOB sera non seulement isoscèle, mais

équilatéral; donc le côté AB de l'hexagone est égal au rayon, et en portant le rayon six fois sur la circonférence, on se retrouvera au point d'où l'on est parti, et l'hexagone ABCDEF sera inscrit.

Si maintenant on joint les sommets de l'hexagone alternativement, on formera le triangle équilatéral ACE.

Pour évaluer le côté de ce dernier, on remarquera que l'angle BAE, inscrit dans une demi-circonférence, est droit, et le triangle rectangle BAE donnera $AE = \sqrt{(\overline{BE}^2 - \overline{AB}^2)}$; et en prenant le rayon pour unité, AB vaudra 1 et BE = 2; donc $AE = \sqrt{(4-1)} = \sqrt{3}$.

PROPOSITION V.

PROBLÈME.

Inscrire un décagone régulier dans un cercle et évaluer son côté.

L'angle au centre $\frac{4}{n}$ est pour le décagone $\frac{4}{10}$ ou $\frac{2}{5}$ d'un angle droit; en supposant AOB cet angle, fig. 115, la somme des deux autres angles du triangle isoscèle AOB sera $2 - \frac{2}{5}$ ou $\frac{8}{5}$; donc chacun d'eux vaudra $\frac{4}{5}$ ou le double de l'angle O; si donc on divise l'angle ABO en deux parties égales, chacun des angles ABM, OBM, sera égal à l'angle O; donc, 1.° le triangle OBM sera isoscèle, et l'on aura OM = MB; 2.° les triangles AOB, ABM, ayant l'angle A commun, plus l'angle O = ABM, seront semblables, et le triangle ABM sera isoscèle comme AOB; donc AB = MB; et puisque OM = MB, on a aussi AB = OM; mais la similitude des triangles AOB, ABM, donne AM : AB =

AB : AO ; mettant OM à la place de son égale AB, on aura AM : OM = OM : AO, ce qui fait voir que le rayon AO est divisé en M en moyenne et extrême raison * ; si donc on effectue cette division, et qu'on fasse la corde AB égale à la plus grande partie OM, cette corde sera le côté du décagone régulier inscrit, et sa valeur, en prenant le rayon pour unité, sera $\sqrt{\frac{5}{4}} - \frac{1}{2}$ *.

*pr. 19, liv. 3.

* ibid.

Corollaire 1. On obtient le pentagone régulier en joignant de deux en deux les sommets du décagone régulier.

Corollaire 2. Si on mène le côté AF de l'hexagone et le côté AB du décagone, l'arc BF vaudra $\frac{1}{6} - \frac{1}{10}$ ou $\frac{1}{15}$ de la circonférence, ce qui fournit le moyen de décrire le polygone de quinze côtés ou pentédécagone.

PROPOSITION VI.

THÉORÈME.

L'aire d'un polygone régulier a pour mesure son périmètre multiplié par la moitié du rayon du cercle inscrit.

fig. 111.

Les triangles AOB, BOC, etc., dont le polygone est composé, ont tous pour hauteur le rayon OI du cercle inscrit ; chacun de ces triangles a donc pour mesure la moitié de ce rayon multiplié par la base du triangle, et le polygone qui est la somme de tous ces triangles, aura pour mesure la moitié de ce même rayon multiplié par la somme des bases, laquelle somme forme le périmètre du polygone.

Scholie 1. La proposition aura encore lieu pour tout polygone circonscrit à un cercle, quand même il ne serait pas régulier, puisque le même raisonnement s'y applique.

Scholie 2. Le rayon du cercle inscrit est souvent désigné sous le nom d'*apothéme*.

PROPOSITION VII.

THÉORÊME.

Les périmètres des polygones réguliers d'un même nombre de côtés sont entre eux comme les rayons des cercles inscrits, ou bien des cercles circonscrits ; leurs surfaces sont comme les quarrés de ces mêmes rayons.

Soient AB, *ab*, les côtés de deux polygones réguliers d'un même nombre de côtés, O et o leurs centres, AO et *ao* seront les rayons des cercles circonscrits, et les perpendiculaires OD, *od*, abaissées des centres sur les côtés seront les rayons des cercles inscrits; les angles au centre étant égaux, la similitude des triangles AOB, *aob*, donne AB : *ab* = AO : *ao* = OD : *od* ; mais les périmètres des deux polygones sont entre eux comme leurs côtés AB, *ab*, et leurs surfaces comme les quarrés de ces mêmes côtés * ; donc ces périmètres seront aussi comme AO, *ao*, ou comme OD, *od*, et leurs surfaces seront comme les quarrés de ces mêmes rayons.

fig. 116.

* cor.
pr. 2.

PROPOSITION VIII.

LEMME.

On peut toujours inscrire et circonscrire à un cercle deux polygones réguliers semblables dont la différence des périmètres, ainsi que celle des surfaces, soit moindre que telle quantité qu'on voudra.

Soit AO le rayon du cercle, AB le côté du polygone inscrit; si au milieu F de l'arc AB on mène la tangente CE terminée aux rayons OA

fig. 117.

et OB prolongés, CE sera le côté du polygone circonscrit semblable; les périmètres de ces deux polygones seront entre eux comme les perpendiculaires OD, OF, et les surfaces seront comme les quarrés de ces mêmes lignes; mais rien n'empêche de diviser la circonférence en parties aussi petites qu'on voudra, et plus l'arc AFB sera petit, plus le point D s'approchera du point F, et plus les rapports $\frac{OD}{OF}$ et $\frac{\overline{OD}^2}{\overline{OF}^2}$, dont le premier est celui

des périmètres et le second celui des surfaces des deux polygones s'approcheront de l'unité; donc on peut déterminer les deux polygones de manière que la différence entre les deux périmètres ou entre les deux surfaces soit plus petite que telle quantité qu'on voudra.

*Sch.
pr. 20;
liv. 1.

Corollaire. La circonférence du cercle est plus longue que le contour de tout polygone inscrit, puisqu'elle l'enveloppe *; elle est par la même raison plus courte que le contour de tout polygone circonscrit; sa surface excède évidemment celle de tout polygone inscrit, et elle est moindre que celle de tout polygone circonscrit; et puisqu'on peut déterminer deux polygones, dont l'un ait un contour et une surface plus petite que le cercle, et dont l'autre les ait plus grands, et qui malgré cela, aient entre eux une différence plus petite que telle quantité qu'on voudra; on peut à plus forte raison, déterminer un polygone soit inscrit ou circonscrit, dont le périmètre diffère de la circonférence, et dont la surface diffère de celle du cercle, d'une quantité plus petite que telle quantité qu'on voudra.

PROPOSITION IX.

THÉORÊME.

Les circonférences des cercles sont entre elles comme leurs rayons, et leurs surfaces sont comme les quarrés de ces mêmes rayons.

Soient C et C′ deux circonférences, R et R′ leurs rayons, je dis qu'on aura $\frac{C}{R}=\frac{C'}{R'}$.

Car si ces deux fractions n'étaient pas égales, soit $\frac{C}{R}$ la plus grande des deux, et soit δ l'excès prétendu, on aurait $\frac{C}{R}=\frac{C'}{R'}+\delta$; soient P et P′ les périmètres de deux polygones réguliers semblables inscrits dans ces deux cercles; ces périmètres seront comme les rayons des cercles circonscrits *, et l'on aura $\frac{P}{R}=\frac{P'}{R'}$; retranchant cette équation de la précédente membre à membre, il restera $\frac{C-P}{R}=\frac{C'-P'}{R'}+\delta$, ce qui est impossible, puisqu'on peut déterminer P de manière qu'il approche tellement de C, pour que $\frac{C-P}{R}$ soit moindre que δ, et à plus forte raison moindre que $\frac{C'-P'}{R'}+\delta$; donc la supposition dont on est parti est fausse, et il n'y a point de différence entre $\frac{C}{R}$ et $\frac{C'}{R'}$; donc ces deux fractions sont égales.

On prouvera d'une manière semblable qu'en désignant par S et S′ les surfaces des deux cercles, on a $\frac{S}{R^2}=\frac{S'}{R'_2}$.

Corollaire. Puisque les arcs semblables sont entre eux comme les circonférences dont ils font parties *, ils sont aussi entre eux comme leurs

* pr. 7.

* déf. 4, liv. 3.

rayons ; en même tems les secteurs correspondans sont entre eux comme les cercles dont ils font parties ; donc les secteurs semblables sont entre eux comme les quarrés de leurs rayons.

PROPOSITION X.

THÉORÈME.

L'aire du cercle a pour mesure le produit de sa circonférence par la moitié de son rayon.

Si le produit de la circonférence par la moitié du rayou excédait l'aire du cercle, soit δ cet excès ; mais il existe un polygone circonscrit qui excède le cercle d'une quantité moindre que δ* ; ce polygone vaudra donc moins que ledit produit, ce qui est impossible, puisqu'un tel polygone aurait pour mesure son périmètre multiplié par la moitié du rayon * ; or son périmètre excède la circonférence qu'il enveloppe ; et si le produit ci-dessus était moindre que l'aire du cercle , soit encore δ la quantité dont il en diffère ; mais il existe un polygone régulier inscrit qui en diffère moins ; ce polygone vaudrait donc plus que le produit de la circonférence par la moitié du rayon , ce qui est encore impossible, puisqu'un tel polygone ne vaut que le produit de son contour par la moitié de son apothême ; or son contour est moindre que la circonférence qui l'enveloppe, et son apothême est moindre que le rayon du cercle qui lui est circonscrit ; donc le produit dont nous parlons, ne diffère ni en plus ni en moins de l'aire du cercle ; il lui est par conséquent égal.

Corollaire. Le secteur étant au cercle comme son arc est à la circonférence, on en conclura que puisque l'aire du cercle a pour mesure le produit de sa circonférence par la moitié de son rayon, l'aire du secteur aura pour mesure le produit de son arc par la moitié de son rayon.

Scholie. On se sert de la lettre grecque π pour désigner le rapport de la circonférence au diamètre : on a vu dans le théorême précédent, que ce rapport est constant. Soit donc R le rayon, le diamètre sera 2R, et la circonférence sera 2πR, et pour avoir l'aire du cercle, il faudrait multiplier 2πR par $\frac{1}{2}$R, ce qui donnera πR^2 ; ainsi en désignant en même tems par C la circonférence et par S la surface du cercle, on a ces deux formules, C$=2\pi$R et S$=\pi$R^2.

Quant à la valeur numérique de π, les procédés élémentaires qu'on emploie pour l'obtenir, consistent à calculer soit les contours ou les surfaces d'une suite de polygones réguliers dont le nombre des côtés augmente en raison double, jusqu'à ce que la différence entre le dernier polygone et le cercle devienne insensible, ce qu'on fait de différentes manières. Dans ce qui suit, nous allons indiquer, pour évaluer le nombre π, une nouvelle manière qui est d'autant plus simple, qu'elle n'exige que six extractions de racines quarrées pour obtenir les sept premiers chiffres de π.

PROPOSITION XI.

PROBLÊME.

Connaissant les rayons du cercle inscrit et du cercle circonscrit à un polygone régulier, trouver les rayons du cercle inscrit et du cercle circonscrit à un autre polygone de même périmètre et qui ait un nombre double de côtés.

fig. 118.　Soit AB le demi-côté du polygone donné, O son centre ; OA sera le rayon du cercle inscrit et OB celui du cercle circonscrit ; soit prolongé AO jusqu'à la rencontre du cercle circonscrit en C, et joignons BC ; le triangle BOC étant isoscèle ; si on abaisse OD perpendiculairement sur BC, on aura $CD = \frac{1}{2}BC$, et menant DE parallèle à AB, on aura de même $DE = \frac{1}{2}AB$; mais l'angle inscrit C est moitié de AOB ; si donc on prend DE pour demi-côté d'un second polygone régulier qui ait C pour centre, l'angle au centre de celui-ci sera moitié de celui du premier ; donc il aura un nombre double de côtés ; et comme, en compensation, chacun de ces côtés sera moitié d'un côté du premier, ces deux polygones auront même contour. Il s'agit d'évaluer CE et CD.

Or on a $CE = \frac{1}{2}AC = \frac{1}{2}(AO + OC) = \frac{1}{2}(AO + OB)$; et dans le triangle rectangle COD le côté CD est moyen proportionnel entre CO et CE [*], ou entre OB et CE. Si donc on désigne par a le rayon du cercle inscrit dans le premier polygone, par r celui du cercle circonscrit, par a' et r' les rayons relatifs au second polygone dont le nombre de côtés est double, on a les deux formules très-simples :

[*] pr. 10, liv. 3.

$$a' = \frac{a+r}{2}, \text{ et } r' = \sqrt{a'r}.$$

PROPOSITION XII.

PROBLÊME.

Trouver le rapport approché de la circonférence au diamètre.

Soit le côté de l'hexagone $= 1$, son contour sera 6, et si AB est le demi-côté, on aura OB

fig. 118.

[*] pr. 4.　$= 1$ [*], et $OA = \sqrt{(1 - \frac{1}{4})} = \sqrt{\frac{3}{4}}$; si donc dans les

formules de la proposition précédente on fait $a=V\frac{3}{4}$ et $r=1$, on obtiendra les rayons relatifs à un dodécagone ou polygone de douze côtés dont le contour est aussi $=6$; en appliquant les mêmes formules à ces deux nouveaux rayons, on aura les rayons relatifs au polygone de vingt-quatre côtés de même contour; et en continuant de cette manière, les deux rayons se rapprocheront, et leur différence finira par devenir insensible dans les premières décimales; en même temps le périmètre du dernier polygone ne différera pas sensiblement d'une circonférence de cercle; on aura alors le rayon du cercle dont la circonférence $=6$, ce qui servira à trouver le rapport demandé.

Voici le tableau de ces opérations, où la suite des nombres a, r, a', r', a'', r'', etc., est calculée en prenant alternativement la demi-somme et la moyenne proportionnelle.

NOMBRE des côtés.	a ou rayon du cercle inscrit.	r ou rayon du cercle circonscrit.
6......	0,8660254......	1,0000000.
12......	0,9330127......	0,9659258.
24......	0,9494693......	0,9576622.
48......	0,9535657......	0,9556118.
96......	0,9545887......	0,9551001.
192......	0,9548444......	0,9549723.
384......	0,9549083......	

Maintenant qu'il y a plus de la première moitié des chiffres qui est la même pour a' et r, on pourra, au lieu de la moyenne proportionnelle, prendre la demi-somme de a' et de r, sans que l'erreur soit sensible à la dernière décimale, et l'opération sera continuée de la manière suivante, en ne prenant plus que la demi-somme par-tout:

NOMBRE des côtés.	a ou rayon du cercle inscrit.	r ou rayon du cercle circonscrit.
....	....	0,9549403.
768.......	0,9549243......	0,9549323.
1536......	0,9549283......	0,9549303.
3072......	0,9549293......	0,9459298.
6144......	0,9549296......	0,9549297.

Les deux derniers rayons sont égaux, à un dixmillionnième près, et l'on peut regarder ce rayon comme celui du cercle dont la circon-
●pr. 10. férence $=6$, et la formule $C = 2\pi R^*$, donne

$$\pi = \frac{C}{2R} = \frac{6}{2 \times 0,9549296} = 3,141592, \text{ etc.}$$

Si on développe cette valeur de π en une fraction continue et qu'on tire les fractions convergentes, on trouve d'abord $\frac{22}{7}$ ou $3\frac{1}{7}$, rapport trouvé par *Archimède* et très-commode par sa simplicité; il est exact jusqu'aux millièmes; on trouve ensuite $\frac{355}{113}$, rapport donné par *Métius* et exact dans les sept premiers chiffres. Il existe des moyens transcendans plus expéditifs pour calculer le nombre π.

Scholie. Au lieu de partir d'un hexagone, on pourrait partir d'un polygone *de deux côtés* qui résulte de la division de la circonférence en deux parties égales, ce qui n'est autre chose que deux diamètres qui se confondent en un seul; a est alors nul; et si on prend l'unité pour r, le contour est censé valoir 4; le calcul donnera ensuite $a' = \frac{1}{2}$ et $r' = \sqrt{\frac{1}{2}}$; ce sont les rayons des cercles inscrits et circonscrits au quarré de l'unité dont le contour vaut également 4. Cette série est remarquable, en ce qu'elle commence par les deux termes 0, 1, et offre l'énoncé curieux que voici:

Formez une sér e dont les deux premiers termes soient 0, 1, et les autres alternativement l'un le milieu (arithmétique), et l'autre la moyenne proportionnelle (géométrique) entre les deux termes qui le précèdent immédiatement ; cette série convergera vers le rayon d'un cercle dont la circonférence egale le contour du quarré fait sur l'unité.

FIN DE LA PREMIÈRE PARTIE.

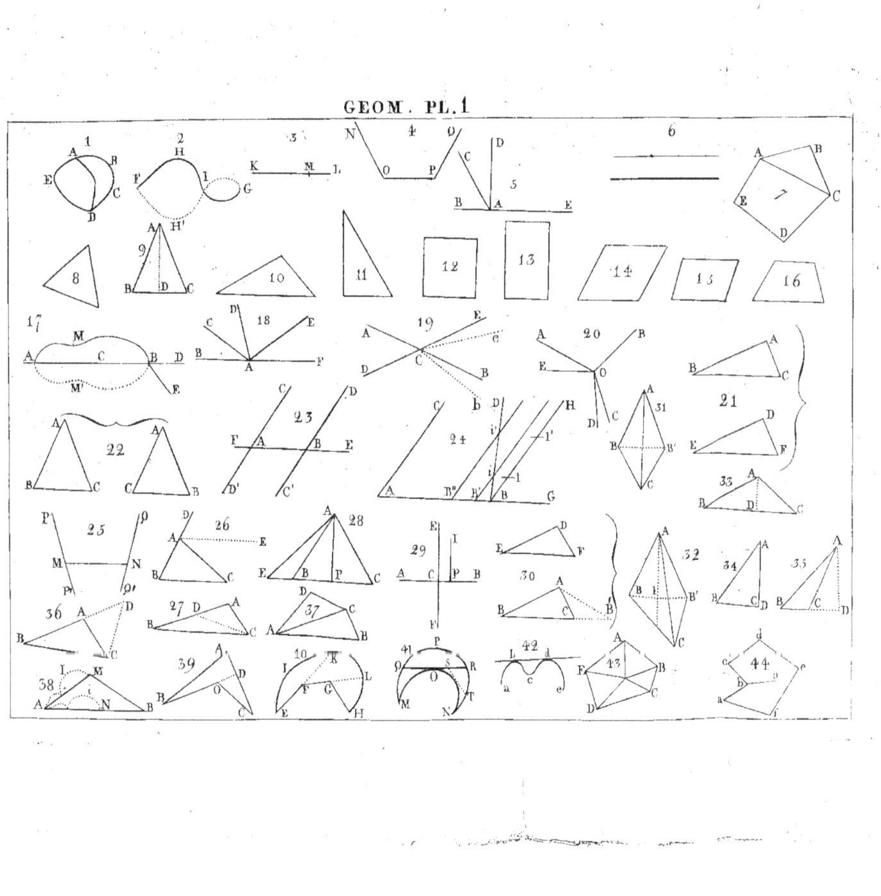
GEOM. PL. 1

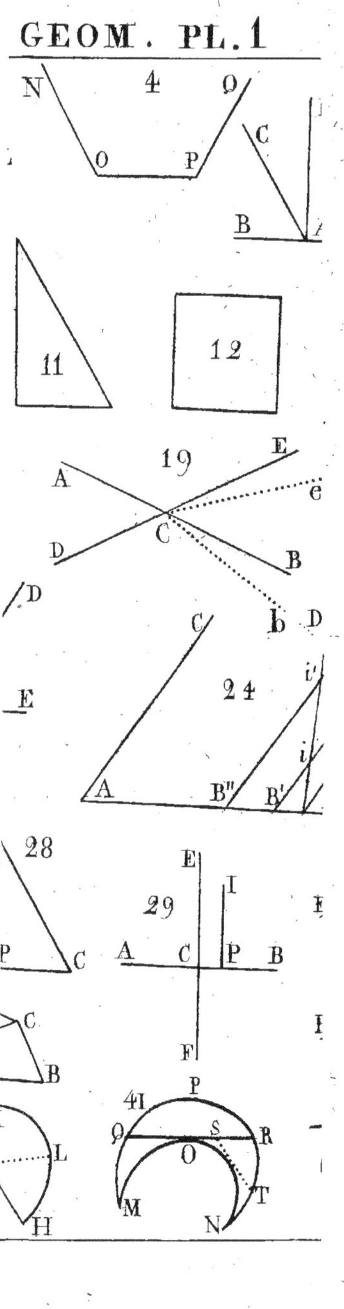
N 4 Q
O P
C
B
11
12
19
A E
e
D C B
D
E
C
D b D
24
i'
i
A B" B'
28
E
I
29 I
P C A C P B
C
F
B
41 P
Q S R
O
L
M N T
H

GEOM. PL. 2.

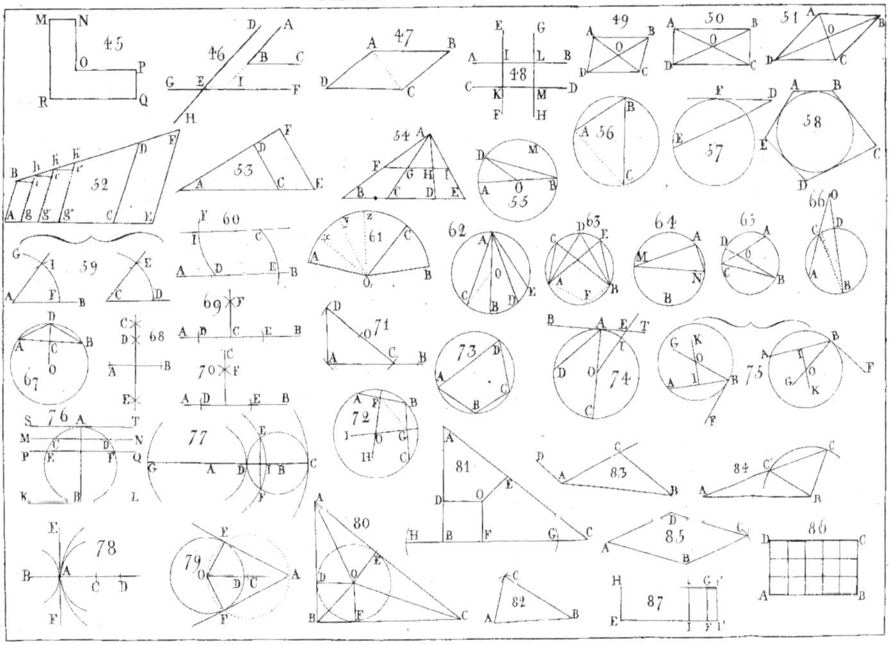

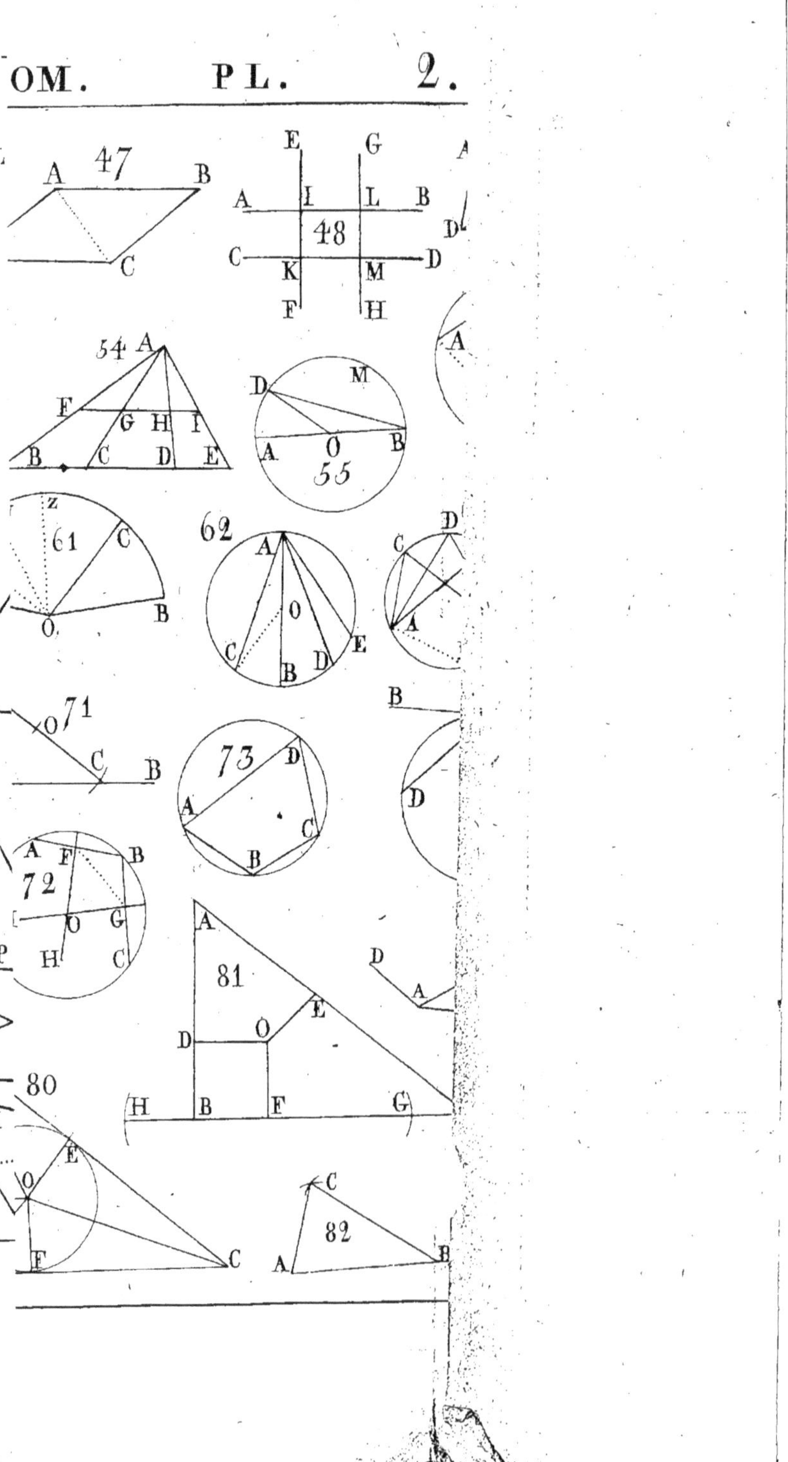

GÉOM.   PL.   3.

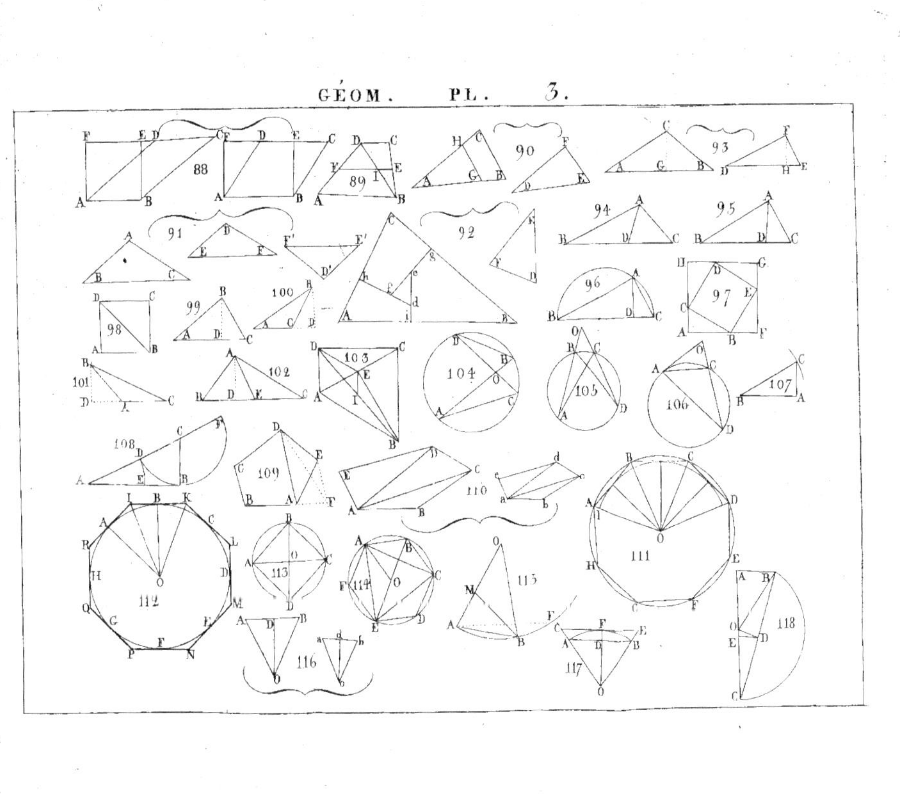